·爱智文丛

道德感动与
儒家示范伦理学

A Confucian Exemplary
Ethics of Virtue

王庆节 著

图书在版编目(CIP)数据

道德感动与儒家示范伦理学/王庆节著.—北京：北京大学出版社，2016.9
（爱智文丛）
ISBN 978-7-301-26661-8

Ⅰ.①道… Ⅱ.①王… Ⅲ.①儒家-伦理学-文集 Ⅳ.① B82-092
② B222.05-53

中国版本图书馆 CIP 数据核字 (2015) 第 309531 号

书　　　名	道德感动与儒家示范伦理学
	DAODE GANDONG YU RUJIA SHIFAN LUNLIXUE
著作责任者	王庆节　著
责任编辑	王晨玉　田　炜
标准书号	ISBN 978-7-301-26661-8
出版发行	北京大学出版社
地　　　址	北京市海淀区成府路 205 号　100871
网　　　址	http://www.pup.cn　　新浪微博：@北京大学出版社
电子信箱	pkuwsz@126.com
电　　　话	邮购部 62752015　发行部 62750672　编辑部 62752025
印　刷　者	北京中科印刷有限公司
经　销　者	新华书店
	650 毫米 ×980 毫米　16 开本　15.5 印张　177 千字
	2016 年 9 月第 1 版　2016 年 9 月第 1 次印刷
定　　　价	38.00 元

未经许可，不得以任何方式复制或抄袭本书之部分或全部内容。
版权所有，侵权必究
举报电话：010-62752024　电子信箱：fd@pup.pku.edu.cn
图书如有印装质量问题，请与出版部联系，电话：010-62756370

目 录

导 言 您曾经感动过吗？ …………………………………………… 1

第一章 感 动 ………………………………………………………… 19
第1节 规则伦理学框架下的底线伦理之困难 ………………… 19
第2节 道德感动之为道德意识的起点 ………………………… 23
第3节 道德感动是道德哲学的重要范畴 ……………………… 31
第4节 道德感动与儒家伦理的传统 …………………………… 33
第5节 儒家伦理：情感本位的德性伦理 ……………………… 41

第二章 恕 道 ………………………………………………………… 47
第1节 道德金律的"黄金"地位 ………………………………… 47
第2节 基督教道德金律的现代命运 …………………………… 49
第3节 "主体观点"和"他人观点" ……………………………… 53
第4节 道德金律的"真精神" …………………………………… 55
第5节 忠恕之道还是恕忠之道？ ……………………………… 58
第6节 "恕道优先"在哲学上的三重优越性 …………………… 66

第三章 示 范 ………………………………………………………… 71
第1节 孔汉思与普世伦理的设想 ……………………………… 71
第2节 儒家伦理学的本色：规范伦理还是示范伦理？ ……… 77
第3节 儒家伦理的"厚"与"薄" ………………………………… 80

第 4 节　作为示范伦理的儒家伦理 ················ 85

第四章　身　体　91

第 1 节　"身体"在中国古代思想中的基本含义及
　　　　哲学背景 ······························ 91
第 2 节　儒家"身体"哲学的四个核心概念 ········· 94
第 3 节　儒家以身体为基础的"亲近说""推不出序"吗？ ····· 97

第五章　自　我　103

第 1 节　儒家伦理存在论的三个"自我"概念 ······· 103
第 2 节　"一与多"的模式和普遍主义的自我概念 ····· 104
第 3 节　"部分与整体"的模式与有机体主义的
　　　　自我概念 ····························· 109
第 4 节　"此与彼"的模式与"关系性"的自我概念 ···· 115
第 5 节　汉字生成的谱系与系谱学的自我概念 ······· 120
第 6 节　儒家的道德自我生成 ······················ 127

第六章　本　分　134

第 1 节　理解儒家道德的两种语言方式 ············· 134
第 2 节　作为普遍必然律的道德规范在实践中的
　　　　两难困境 ····························· 136
第 3 节　哈曼关于"应当"说法的四种分类 ·········· 139
第 4 节　"道德本分"与德性化育 ··················· 144
第 5 节　孔子：无可无不可 ························ 147
第 6 节　道德感动，规范与伦理 ···················· 149

目 录

第七章 孝 养 ……………………………………………… 152
- 第1节 丹尼尔斯/英格莉希的论题 …………………… 152
- 第2节 父母对子女与子女对父母在"应该"上真的有不对称性吗? ………………………………… 154
- 第3节 为什么大张"应该"救小娟? ………………… 157
- 第4节 因为"同意"所以"应该",还是因为"应该"所以"同意"? ………………………………… 159
- 第5节 儒家论"孝"之为"立人之本" ………………… 162
- 第6节 儒家关于孝养父母之为人的道德本分的"论证" …………………………………………… 167

第八章 解 释 ……………………………………………… 175
- 第1节 庄子的故事和解释学的问题 ………………… 175
- 第2节 文本、言谈和书写 …………………………… 177
- 第3节 狄尔泰的主体解释与结构主义的文本说明 …… 183
- 第4节 利科的解释概念 ……………………………… 189
- 第5节 文本解释的两个实例 ………………………… 196
- 第6节 解释的真与真的解释 ………………………… 202

第九章 道 理 ……………………………………………… 206
- 第1节 真理是"发现"还是"临现"? ………………… 206
- 第2节 苏格拉底的诘辩法与追寻真理 ……………… 209
- 第3节 "摆事实"与"讲道理" ………………………… 212
- 第4节 "讲真理"与"讲道理" ………………………… 214
- 第5节 "终极真理"的幻象 …………………………… 215
- 第6节 "道—理":讲道与讲理;非—真理 …………… 218

第 7 节 "有几分道理""很有道理"与"不讲理" …………… 223
第 8 节 "僧推月下门"还是"僧敲月下门":
　　　　斟酌、犹豫、推敲 ………………………………… 226
第 9 节 "讲理"与"讲道理" ………………………………… 228

附录　"孔夫子":"舶来品"还是"本土货"? …………… 231

后　记 ………………………………………………………… 242

导　言　您曾经感动过吗？

　　我这时突然感到一种异样的感觉，觉得他满身灰尘的后影，霎时高大了，而且愈走愈大，须仰视才见。而且他对于我，渐渐的又几乎变成一种威压，甚而至于要榨出皮袍下面藏着的"小"来。……这事到了现在，还是时时记起。我因此也时时煞了苦痛，努力地要想到我自己。几年来的文治武力，在我早如幼小时候所读过的"子曰诗云"一般，背不上半句了。独有这一件小事，却总是浮在我眼前，有时反更分明，教我惭愧，催我自新，并且增长我的勇气和希望。

　　　　　　　　　　　　　　——鲁迅·《一件小事》

　　经过郊区，我闻到刺鼻的化学品的味道。走近海滩，看见工厂的废料大股大股地流进海里，把海水染成一种奇异的颜色。湾里的小商人焚烧电缆，使湾里生出许多缺少脑子的婴儿。我们的下一代——眼睛明亮、嗓音稚嫩、脸颊透红的下一代，将在化学废料中学游泳，他们的血管里将流着我们连名字都说不出的毒素……你又为什么不生气呢？

　　……不要以为你是大学教授，所以作研究比较重要；不要以为你是杀猪的，所以没有人会听你的话，也不要以为你是个大学生，不够资格管社会的事。你今天不生气，不站出来的话，明天——还有我、还有你我的下一代，就要成为沉默的牺牲者、受害人！如果你有种、有良心，你现在就去告诉……：你受够了，你很生气！你一定要很大声地说。

——龙应台·《中国人，你为什么不生气?》

这两段文字，出自我们大家都耳熟能详的现代文学作品。我们知道，在现实的日常生活中，几乎每一个人都常常会为身边发生的一些看似微不足道的平凡人与平凡事触动和感动。这些感动可能是正面的，也可能是负面的，例如上文提到的内疚、羞愧，或者气愤乃至愤怒。但究竟什么是感动？我们为什么会感动？人们究竟被什么东西感动？作为一种心理或者社会心理现象，感动的哲学伦理学意义何在？尽管我们常常感动，但似乎鲜少有人对感动，特别是道德感动这一情感现象的哲学本质和伦理学意义，进行某种深入、系统和概念上的辨析和讨论。在这本书中，我想首先就这些问题进行某种哲学层面上的探讨，并将之与儒家哲学，乃至整个中国思想文化的根源联系起来，旨在阐发道德感动这一极为重要的道德情感现象，对于我们理解和把握道德德性和伦理教化的本质方面，有着怎样的哲学意义。由此出发，我们将儒家伦理的一些重要概念和基本问题，诸如"恕道""示范""身体""自我""本分""孝养"等等，放在当代哲学思考的背景下，给予具体的分疏、体会与理解。综合这些分疏与体会，本书想要得出的结论是，儒家伦理不是要去模仿那具有绝对普遍性的自然科学律，即在严格的逻辑推理和概念分析基础上，建立所谓"放之四海而皆准"的"规则伦理"，或具有绝对命令效应的"规范伦理"。换言之，儒家伦理的生命力，过去、现在以及未来，首先并不在于外在强加的义务，命令或律则般的普遍性规范，而是在起于和源自原初生命与生活世界中的人心感受、感动与感通。道德基于人心，成于示范、教育与自我修养。因此，儒家伦理学究其本质而言，首先是一种"示范伦理学"而非

导　言　您曾经感动过吗？

"规范伦理学"，也就是说，它作为情感本位的德性伦理学，更多的是倾向于德性的"示范"而非规则的"规范"，德性的"教化"而非规则的"命令"，德性的"范导"而非规则的"强制"。说到底，规则、规范、律令的强制力量和命令力量首先还是来源于示范的感染力与影响力。

就道德形而上学的层面来说，无论是康德道义论的还是功效主义目的论意义上的规范伦理学，都预设了某种在"道德规范"背后"超验论"或者"实在论"的形而上学基础。从哲学解释学的角度来看，倘若我们将人类的一切伦理道德行为，都视为对作为这些行为之基础的道德价值或道德"真理"的"解释"活动，那么，对传统的"解释"与"真理"概念在哲学存在论上进行一番重新分疏、辨析和理解工作，就成为我们在此书中试图建立的所谓儒家"示范伦理学"必不可少的步骤和基石。这也是我们为什么要在本书的最后二章讨论与"真理"有关的"解释"与"道理"的缘故。

如果说西方主流的伦理哲学，或将"超验论"或将"实在论"视为其哲学形而上学的理论基石，儒家伦理学作为一种理论形态，其道德哲学形而上学的"基石"立于何处呢？本书试图引向的结论是：感动论。在此基础上，我理解儒家伦理学的本质为情感本位的德性伦理。为了更好地理解儒家伦理的这一本质，及其道德形而上学基础，让我们先对日常语言中以"感"字为核心，串联起来的一系列汉语字词和概念，进行一番哲学意义上的分疏、整理与澄清工作。

首先来看"感应"。感应是世界的最本源状态。在哲学上讲，这是一个存在论或本体论的概念。我们只能说有感应，或有相互感应。感应使得世界上的事件、事态、事情和事物得以生成和成立。世界首先不是物的全体，而是"事"，包括事件、事态、事情、事物和事实的全体。不是先有实体性的天地万物,然后生发感应。感应和天地万物同生同灭,是万事万物生成、变化和发展的不竭源泉、根据和场域。

如果"感应"是一个存在论的源初概念,那"感觉"是什么呢?还有那些与"感觉"这个语词连着的"感受""感触""感想""感知""感悟"等等,应该做何理解?我将"感觉"理解为这样一种状态,即人处于周遭感应活动中的一种源初性的意识状态。所以,感觉也就是感应,不过是一种意识感应罢了。这种意识状态乃前概念和前范畴的,甚至往往是前语言的。感觉有广狭之分。狭义的感觉即外感觉与内感觉。外感觉一般指感官感觉,而内感觉则是我们的内心感受和感触。广义的感觉除了包括狭义感觉之外,还应包括感想、感知,甚至感悟。"感想"是感触和感受借助于联想力和想象力的进一步延伸。"感知"则是感想的理性化形式,是意识对从感触、感受开始到感想过程的初步理性整理和反思,它构成人类知识的基础和出发点。

再来看看"感情"或"情感"。感情乃人和某些高等动物在感应活动中,对于或者伴随某些感应活动而生发的一种心理情绪状态,其本质也是一种感应。这些情绪状态包括喜怒哀乐,爱恶痛惜,悔恨羞愧等。同情和怜悯也属于这些感情状态。感情状态也可分类为关于自身感应的感情,例如自豪、自大、悔恨、内疚;对他人的感应的感情,例如同情、敬重、感激、鄙视、惭愧;还有一些,既可对自己,也可对他人,例如悲哀、喜悦、愤怒等等。

梳理了"感受""感觉"和"感情"之后,我们再来看"感动",就会比较容易理解和定位这个概念。感动本来也是一种感应,但它同时更是一种连接感应与感觉(感触、感受、感想、感知),以及感应与感情的"之间"状态或者"连接点"。感动源出于感应,并将感应引

| 导　言　您曾经感动过吗？ |

向某种感情和感觉的方向。或者说，它是感觉和感情的起点，在这一意义上，它既是感觉状态，又是感情状态，而且还内含有一种欲求实现两者的冲动。也许更为重要的是，通过感动和不断感动，感觉与感情被注入道德的色彩和成分。无疑，感动是一种感应活动，但它与其他的自然感应（作用）活动不同的地方在于，感动一般讲是人的感应，有时也包括高等动物，例如狗对主人的不舍。就其本质而言，感动主要涉及属人的价值活动，属于价值论的范畴。我们一定为有价值的东西所感动，或者为有价值的东西的损害或毁灭而生反感，这些都是感动的情形，它启动我们人的道德感知与感情，所以是人类道德意识的起点。

　　感动还可以解释我们的感觉、感想、感知与感情的变化。如果说感动是感觉、感情的启动和开端，尤其是道德感觉与感情的开端，那么它的出现也是道德价值变化的起点和可能方向所在。例如，今天如果我们听到或看到吃人的现象，绝大多数人一定会义愤填膺。但是，我们同时自诩为"肉食动物"。当我们自己在餐桌上食肉或看到别人食肉时，大多数人并无愧色。在大快朵颐之际，我们心安理得，可能还不时赞赏肉食美味和交流烹调厨艺。只是偶然，或者有一部分人（先知先觉者），看见屠宰场杀猪宰羊，或者菜市场杀鸡杀鱼，鲜血淋漓，会心生怜悯同情，怵惕不忍之心。让我们假设几百年过后，生物技术完善进步，所有食品乃人工合成，人类的营养补充来源充足，无须也不再杀猪宰羊。那时，人们看今天的我们，会不会像我们现在看8000年前的食人族一般呢？他们会将我们称之为食肉族。我们完全可以想象，在这几百年间，人类面对动物被杀戮时的同情怜悯之心，或者说人类的感动，会越来越强，在此基础上生发的关于"不应该"通过杀戮而取得肉食的各种"论证"会层出不穷，于是，对食肉一族感到愤怒的人，也势必会愈来愈多。我们这时就会开始在道德上谴责食肉之人,赞扬拒绝食肉之人。终于到了某一天,我们会在综合各方面因素的基础上立法,从而终止作为食肉族的历史。而且,随着时间的推移,人们回忆起这段历史,也会如当年的孔老夫子,为始作俑者,感叹万分。那时,人们再看见有个别人杀生食肉,也一定会怒不可遏,难以容忍,就像我们今天看见食人、活殉、猎头、吸血一族一样。

当感动顺利地打通自然感应与人类感觉与感情之际,不仅个体的感觉、感情与自然感应,搓揉摩荡,相互影响和呼应,而且,不同个体之感觉、感情也会在此时出现共鸣,影响与交汇。这种相互之间以及个体与群体间的共鸣影响过程就是"感通"。伴随着这种感通而出现的感知,就是"感悟"。感通可能通过"感召"瞬间触发,也可能通过"感染"逐渐发生。但无论从感染还是感召而来的感通,其作为众多感动的共鸣,之所以发生,完全因为与之相通的自然、生命和人类历史本身,就是一日新月异,生生不息的感应过程。

无论感应、感动、感情、感觉还是感悟、感知,首先都不是一智性认知行为和判断过程,而是一身体的行为和过程。换言之,它们首先借助于身体的感应为中介而发生、发动和生长起来。我们不妨说,以判断活动为主要特征的智性认知是从身体感应过程中生长出来的,是对此感应活动的反思性评判。智性认知是以身体性感应为基础的感知活动过程的后续阶段,这些后续在我们人类的认知以及行动过程中,极为重要,而且不可否认,它们将变得越来越重要。但这并不必然意味着高级。相反,它们在获得外在的形式普遍性与可理解性力量的同时,往往丧失其充满个别性、特殊性和具体情境的丰富内涵。

基于上述的理解,我在本书中将儒家的"示范伦理学"主要定位为情感本位的德性伦理。"情感本位",说的是儒家伦理坚持认

导　言　您曾经感动过吗？

为，我们每个人的日常伦理生活和行为，以道德感动、感应和感通为原初生发之基础；"德性伦理"说的是儒家伦理学的目标，首先不在于寻求一套"千篇一律"的普世规则，然后用之来裁决和评判人们社会生活中个别行为的好坏善恶，而在于探讨一个个实际生活中的活生生的人，她或者他的具体道德生成与成长过程，是怎样一回事情。换句话说，儒家伦理学的原本与主要任务，并不在于发现或制定行为规则、规范、底线，从而规管、命令和诫告人们，在具体生活情境下什么该做和什么不该做，而是探究我们每个人活灵活现的道德人格与道德品格，如何在历史和生活中培育与建立起来，影响开去。如此说来，儒家伦理学主要是一门做好人的价值学问，所以又是德性伦理学。在儒家伦理学背后支撑着的"科学"首先不是现代意义上"逻辑学""经济学"，而更多的是靠近传统意义上的"教育学"。或者用儒家传统的话语说，儒家"伦理学"首先讲的是"立人极"，是一门成人成己的学问与功夫。

作为情感本位的"示范伦理学"，儒家伦理学可能面临的主要批评，也许相似于历史上对"情感主义"伦理学的一个批评。这个批评的实质是说一个伦理理论或者学说，倘若不能对所有相同或相似的道德行为，依循统一的规则或者规范，给予一致性的好坏善恶的评判，并使之适用于在所有相似情形下的所有的人，那么，它就不能被称为一合格的道德理论。[①] "情感主义"伦理学的困境恰在于此。众所周知，人们对某一行为的情感反应往往各个不同，每个人在日常生活中总会遇上一些可能让人感动的事情。当然，实际的情形是，有些人会感动，有些人则不；而且同一个人，对不同的

---

① R. M. Hare, *The language of Morals*. Oxford: Clarendon Press, 1952, pp. 14—15. Also see W. D. Ross, *Foundation of Ethics*, Oxford: Clarendon Press, 1952, pp. 33—34.

事情,有些感动,有些不感动;甚至同一个人对同一件事情,有时感动,有时则不感动。正因如此,面对这些情况,人们很难预先设定有什么规则与规范来评判。所以,感动之类的情感、情绪,充其量也就是表达某种个人,或者至多某个特殊群体的主观好恶、赞不赞成的主观感受罢了。从现代社会伦理生活的现状来看,这一诘难不能说完全没有道理。但是,倘若我们仔细考察一下这一批评,就不难看出,无论赞成还是反对情感主义伦理学说的,都预先持有了一个共同立场,即现代规则伦理学或规范伦理学的立场。争论的双方,一方坚持说因为不可能形成普遍遵循的规则,所以情感伦理学不能成立,我们需要为伦理学寻找符合普遍规则性要求的基础;另一方也同意情感伦理不可能形成普遍遵循的规则,但得出的结论却截然相反,即并不企求到道德情感之外寻求伦理学的根据,而是干脆否认伦理学作为道德科学的可能性。但这样一来,就难免陷入道德主观主义或道德相对主义的陷阱。

现在的问题是,为什么伦理学,尤其是源生于东亚文化传统中的儒家伦理学,如果想要成立,一定要按照自然科学或者西方理性形而上学的模式,被构建为一种"千篇一律"或者"放之四海而皆准"的规则系统,来规范指导我们每个人的日常生活行为呢?伦理学的"规范性"本质究竟为何?为了厘清这个问题,我想在这里引进一个基本的区分,即伦理学的价值层面与伦理学的践行层面的区分。英国哲学家厄姆森(Urmson)曾经区分伦理学中的"standard setting"(标准的设立)与"standard using"(标准的使用)[1],我想我在此处的区分与之有几分相似。不同的地方在于,厄

---

[1] J. O. Urmson, *The Emotive Theory of Ethics*, London: Hutchinson University Library, 1968, pp. 64—71.

| 导　言　您曾经感动过吗？ |

姆森使用的是"标准",而儒家伦理则更多地看重"德性"或"品德"。相形之下,我更喜欢用"编词典"的例子。我们日常的伦理生活,也许就像语言活动,无时不在变化、变动、生长之中。儒家的伦理学家们,像孔子、孟子、荀子、董仲舒、二程、朱熹、王阳明……无一不浸淫在语言中,都是一等一的"编词典"的高手。"伦理学"作为一门"理论/实践"学科,就是要"编"出一部"伦理词词典",这部词典的任务一方面是在活动的语言中,"收集"和"罗列"种种"德性"与"劣性"词,另一方面,它通过这些"收集",并不"规定"或强力"规范"某个语词在具体情境下的使用,它只是通过某个语词在此情境下的"示范性"使用,"引导"和"影响"语言的一般性走向而已。所以,某个语词在某种特定语境下不适用,或者某几个大体适合的语词在此情境下只能选用其一,这并不直接影响它或它们本身在词典中"德性词"或"价值词"的地位。

长久以来,人们似乎并不清楚而且混淆了这两个层次之间的分别。在我看来,儒家伦理作为价值科学本质上是一种文化生活和活动,它的目标在于生成、酝酿、承继、革新与传播以某种或某些核心价值为中心的价值文化理念。它的基本运作方式在于影响、教化与引导那些具有共同或共通血缘、历史、语言、宗教、文化的社群、族群的成员,使之参与构建、成就并认同这些核心价值,从而形成某种共通的道德氛围与风尚,形成此族群和社群中多数成员认同并倾向于体现或实现的共通品质、品德与品格。如果放在现代社会生活的架构中来说,在这个意义上理解的儒学及其生活氛围、环境,就是中华民族这个文化共同体的一种"公民宗教"和"生活世界"。

与在价值层面上的关注相连但有别,儒学在践行层面上的关注要点,更多地在于当这些核心价值得到肯认和不断肯认之后,如何在现实的社会与政治生活中,成功实施和最大程度地实现这些价值或德性。因此,如果说儒学在价值层面涉及的是私人领域与准公共领域的事务,那在践行层面则更多地连接着公共领域或政治领域的事务。也正因如此,它们更多地不是强调价值和德性的生成和认定,而是强调一旦某种或者某些核心价值被肯认之后,如何通过政治、经济、法律、社会、科技的力量,在公共生活领域进行推广、实施与实现。我们知道,在政治、经济、法律、社会、科技,这些科学与社会科学领域中的"判断"或抉择,由于其所涉及的领域和层面的不同,会更多地强调公共性、普适性、规范性、可行性与有效性。

不容否认,儒家伦理在中国历史上曾经由于统治者的利益所驱,陷入过"泛道德主义"的误区,并由此出现过"礼教吃人"的境况。但当今社会对一般伦理学的看法则似乎陷入了另一个误区,即"泛法律主义"误区。这一误解的实质在于企图用法庭法官的判决,完全取代道德良心的始初感动与感触。这种做法看似力求将伦理学拔高为具有普世性特征的科学,但正如上面所述,这种做法有着这样的一个事先预设,即预设任何一种道德要求,倘若不能同时成为人类道德伦理生活中所有主体的共同要求,即成为评判所有人在相似情形下的所有相似行为的普遍判准或规则,那就不能被视为是一种道德应当。从这一立场出发,以孔子"仁学"为代表的儒家伦理学的合法地位就被取消和被取代,甚至被视为是一种老掉了牙的、七零八碎的"道德说教"和"陈词滥调",就丝毫不足为怪了。

实际上,我们今天所讲的伦理道德,无论在西方古代的希腊,还是在中国古代的先秦思想中,起初均是作为在一个个具体族群中自然流行、蔓延的风气、风俗以及风范形式出现的。在今天现代西方的主要语言中,"伦理学"(Ethics)这个词就从希腊文 *"ethos"* 演变而来,而"ethos"的原始词义就是"性格""风气"和"风俗"。在这里,我们看不到有后来的"普世规则"或"绝对命令"的太多意涵。这一意涵或许是伴随着希腊生活的城邦形式为罗马的帝国形式所替代,希腊语词"ethos"被翻译为拉丁文"moralis"(习常、规矩、规则)而出现的。后来,随着中世纪基督教伦理学对超越性的普世上帝之信仰的引入,道德(morals)成为个人与上帝之间的事情,即有罪的个体在信奉上帝并以无条件实施上帝的神圣律令为职责的过程中成就自身。进入现代,伴随着公共政治生活在人类生活中的比重愈益增大,人们有时需要细分私人的道德生活规范与公共的道德生活准则。例如在著名的黑格尔《法哲学原理》中,前者为Moral,后者为Sittlichkeit,亦即英文中的ethics。但是,尽管有这一区分,两者共同认可的、以神圣律令形式的某种超越性的先天基础保证并无消失,它只是被现代性的普世理性基础所替代而已。但这样一来,两者真正的原始发源地,即作为"风气""风俗""性格""风范"的"ethos"就被遗忘,被完全掩盖和遮蔽了起来。

儒家伦理作为示范伦理,其本色就在于:人类众生在实际发生的社会历史生活中,会随时随地遭遇到各式事件、事故和事变,这使其在本心本源处生发出某种程度的感应、感触和感动。在这个过程中,圣人、仁者、君子的示范引领、开创风气和敦化教养;人们不断地学习、调整、得到教化,从而培育德性,形成礼俗,建立风范、由此展现出个人乃至社会的风骨与风尚。这些风骨、风尚和风气,化约为德与礼,在家庭里、在邻里间、在社群内、在城邦中,乃至在全天下,一圈又一圈,一代又一代,影响和流传,发扬与光大。

沿着这个思路,我们完全可以将儒家伦理学看作是一种伦理知识的历史性、生成性和开放性的类似于自然的生长过程,或者更形象地说,她首先是使万物得以生长(类比德性生成)的土壤和大地。在这里,任何德性的种子和幼芽,无论开始时是多么幼小柔弱,只要得到足够多的感动与持续感动的"营养"和"滋润",就会慢慢成长起来,形成风气,成木成林,壮大成材。所以,只要人类生活中有感动和持续感动,就像儒家伦理学曾经在历史上成功将"慈悲""自在""惜缘""随缘""放心""超脱"等等重要的佛家德性,经由移植改良揽入囊中一样,不存在什么从儒家的伦理学说"开不出""自由""民主""科学""理性""正义"等等现代生活之德性的问题。

当然,在实际生活的实践活动中,面对一个个具体的人、一件件具体的事,难免会出现某些德性与另外一些德性不能同时实施和实现,彼此发生冲突,不得两全的情形,例如孔子著名的"三年之孝"中"讲效益"和"与时俱进"的德性,与"循礼"德性之间的冲突;孟子著名的"舜负父而逃"中"公正""守法"与"孝亲"之间的冲突;康德著名的"问讯的谋杀犯"中"诚信"与"救人"之间的冲突;以及在当今伦理学讨论中十分流行的"电车难题"中"救人"与"理性计值"之间的冲突等等。自古至今,大多伦理学理论思考解决这些难题的基本思路,往往都是要求先在诸价值之间排出个高低先后的顺序,然后进行计算权衡。于是,困惑与争论往往便在这"高低先后"的排序层面上展开。柏拉图笔下的苏格拉底曾将这种价值纷争的情形形象地描述为"诸神之争"。

但是我们要问,"诸神之争"实际上争的是什么呢?也许并不是"神"的地位,而是"主神"或者"唯一真神"的地位。这里的关键在于,为什么一定要在众神之中分辨出一位统冠一切的"主神"或"唯一真神"呢?如果我们摒弃上面的思路,而代之以区分价值层面与践行层面,那么,"主神"的问题就可能变成主要是一个践行的问题。换句话说,上述诸多道德两难的困惑,大多可以被理解为是在践行层面上展开,而非在价值层面上出现的。无论我们在践行

| 导　言　您曾经感动过吗？ |

层面上如何抉择,丝毫不能在价值层面上改变我们对上述所有价值,例如"诚信""孝敬""尊重生命""理性""公正""循礼""守法"本身的道德价值性的认同。至于某个价值相对于其他价值、在我们实际公共生活中的某个具体实践情境里,究竟占有怎样的位置?能否实现?部分实现还是完全实现?则除了取决于此价值在特定的历史文化中"感动人心"的价值力度之外,还取决于在纯粹道德价值考量之外的许多其他审慎性因素,例如空间距离、血缘亲疏、语言习惯、教义信仰、文化认同、效果效应等等,这其中也还包含有很多其他偶然的境况,甚至是"运气"的影响。所以,诸如"电车难题"或者危境中"救妈妈还是救媳妇"之类的两难抉择,并不是一个真正在价值层面上的取舍,而是一个在践行层面上的筹划与抉择。在这里,任何一个据此而在践行中的抉择,在价值层面上都会是道德的,或者用孔子的话说,是"无可无不可"的,因为它们并非孔子在伦理学价值层面上真正关注的对象。但在践行层面上,有些抉择比另一些当然可能会更"好"一些,但这里的"好",一般来说更多的是在"恰当"与否的意义上,而不是在道德应当的意义上使用。所以,对于"不恰当"的行为,我们更多感到的会是某种"无奈""遗憾"与"抱歉",而不是道德价值层面上的"谴责"与"愤怒"。我以为也只有在上述区分的基础上,儒家传统伦理思想中提出和加以分疏的"经权"概念的意义,才能够得到真正的彰显。

对于将儒家伦理在本质上理解为示范伦理的另一个可能面对的批评,会针对"仁者"或"道德楷模"的概念展开。在一般人的观念中,儒家将道德意义上仁者的最高层次理解为"圣人"。"圣人"就同"神人"一般,在其身上体现和汇总了我们常人几乎可以想象的所有美好的道德德性。如此这般理解的"圣人"或"道德楷模",用美国哲学家苏姗·沃尔芙的话来说,常常"可敬但无趣",所以并不可爱,一般常人也无意去模仿。① 为什么圣人会无趣而且不可爱呢?因为被如此描述颂扬的圣人往往都不食人间烟火,完善得毫无缺陷。一句话,这样的圣人离我们普通人太远,高尚得难以让人相信。所以,即使所有被颂扬的善行都是真的,那也近乎神祇,太高大上,与我们凡夫俗子的日常生活没有太大干系,我们不会真正为之感动。反之,因为太高大上,造假的可能性难免增加,而一旦某年某日这些造假被揭穿,就会让人从心底里生出对"伪善"的恶心感。

不容否认,在儒家思想发展的过程中,尤其是在作为统治意识形态存在的后期儒家那里,出于政治统治与宣传的需要,有着相当强烈的道德造神的倾向。即使在号称鸿蒙大开、文明昌盛的今生今世,我们不时仍见有借助政治性的威权,使用"三突出"的手段,树立全国性的"标杆"或"典型",在道德上封神称圣。我们知道,这样做的结果往往就只能以"笑剧"和"闹剧"告终。但如果我们回到先秦儒家,尤其是当我们细读《论语》,就不难发现,孔子虽然在其中不少地方谈及圣人、仁者和君子这些日后儒家通称为"道德人"的形象,但这些形象无一能被真正视为带有神圣光环、毫无缺陷的道德神人或道德完人。例如,唯一近乎被孔子称为"圣"的大仁管仲,就被当时的世人质疑具有这样那样的道德缺陷。但一句"博施于民而能济众",就让之高踞孔子心目中的众仁大德之首。其他诸如颜渊、子路、子贡、曾参,他们的所行所为,无一不带有这般那般的瑕疵,但这些并不能掩盖这些孔子高足在历史上作为高德大贤的耀眼光芒和可亲可爱。由此可见,儒家伦理所推崇的作为道德

---

① Susan Wolf, "Moral Saints", *The Journal of Philosophy*, vol. 79, No. 8, pp. 419—427.

导　言　您曾经感动过吗？

楷模的仁人贤士，并非什么神学意义上的"全人"，而是体现和展现某个或某些道德品质和道德德性的"风范"。这些示范存在的功能，完全在于在平凡生活中见证和彰显德性。他们感动与激励、引导与范导后来者做好人，行善事。

这样说就涉及儒家道德的"葵花宝典"和根本秘密所在，即道德的真正力量在于感人。为什么道德的所行所为会感人，首先因为它们呼应、顺应、合着生命和生活的走向，所以唤起生命本身的冲动和激动；其次它们是发生在我们周围的平凡人身上的所行所为，这些行为与我们接近，使我们感到亲切，似曾相识，所以可信和可行。当陈嘉映说，伦理意义上的良善生活就在于循着每个人自己"行之于途而应于心"的道路去生活，我想他讲的是同一个道理。① 当然在日常生活中，我们不可能对每件事都感动，也不可能期待所有的人对同一件事感动。但同样不可能的事情是，也没有人对任何的事情，在所有的时间内都处于无动于衷的状态。人是有血有肉，有心灵有身体的道德生物。所以，生活在世界上，和他人他物相处，一定会有所感动的。伦理道德就是这样，从人们对平凡生活的一件件小事的感动和不断感动中凝聚成长而来，并在一个个"英雄"的具体行为的示范中得以见证和校正。感动的行为以及其所示范、所彰显出来的德性，慢慢影响开来，流传下去，成为风范和传统。

例如，在我们道德意识的现今谱系中，"勇敢"明显是一个重要的德性。西方哲学伦理学讲勇敢，向来是以柏拉图的苏格拉底对

---

① 参见陈嘉映：《何为良好生活——行之于途而应于心》，上海：上海文艺出版社，2015年。关于此，也许我更愿意这样说，这本身就是一个生生不息，循环往复的伦理生命过程，即生于道，出于行，起于心，应于情，成于理，复又（和）合于道，故曰道—理。

"勇敢"概念的论辩、定义与规定为代表的。但在孔子为代表的儒家那里,情况则不同,"勇敢"是从子路之勇的"示范"开始的。在历史上,我们还有古代荆轲"风萧萧易水寒"式的勇敢;项羽的"力拔山兮";关公的"刮骨疗毒";李白的"安能摧眉折腰事权贵";武松的"景阳冈";文天祥的"留取丹心照汗青"。在近代,我们更有谭嗣同的"去留肝胆两昆仑";鉴湖女侠秋瑾的"秋风秋雨";黄继光、董存瑞的"炸碉堡""堵枪眼";直至遇罗克、张志新……所有这些,都是一个个历史上出现的著名示范,它们曾经感动我们,将来也许仍然会继续感动一批又一批、一代又一代的后来之人。这里似乎讲的都是些"英雄"的示范,实际上更多的示范出现在平常人的日常和平凡生活之中。例如,对一位正在学步的小朋友来说,邻家比自己还小的小胖摔倒了自己爬起来,或者打针不哭就是特"勇敢"的"英雄"行为,足以使之感动。我的同事,遇见不公不义,在我和众人都畏缩之际,拍案而起,仗义执言,让我汗颜,这也是"勇敢"的一个见证。在我们每个人的一生中,无不经历过无数次这样大大小小的关于"勇敢"的感动,正是在这样的感动与持续感动中,"勇敢"的德性得以显现和不断地显现,得到见证,充实与成长。

如此理解,儒家德性就不是某种纯粹的先天概念,关于它们,我们必须通过逻辑理性的分疏辨析和理论论辩才能发现和达到。相反,它们更多的是在人类道德伦理的生活长河中,在人类各式各样的生命、生活事件中,在人们依循过去的传统,面临未来的召唤而在当下做出的呼应和应和中,出现、成形与发展壮大起来的。借用李泽厚先生曾经用过的一个术语,这些德性就是这些历史呼应和应和中"积淀"下来的东西。而这些"呼应"和"应和"就是我们上面说的"感应"和"感动"。这是儒家伦理学乃至全部儒家哲学的起点。

导　言　您曾经感动过吗？

记得曾经有过一个妙喻,说的是东土与西洋传统画月亮时所用技法之不同。我们在这里不妨用此喻来说明儒家示范伦理的某些方法论特征。西洋的传统绘画,曾经非常强调图像画的逼真,即绘画与其原型的相似。这一对绘画本质的理解,反映在技法上,就会看重画面的透视角度、结构的平衡、线条的比例、光线的明暗变化等等"规定性"的因素。这与西方哲学与科学文化传统强调概念分析、经验观察与逻辑推理一脉相承。反观东土画月,常常也就画一圆圈,抽象示之。更有甚者,只描画几朵云彩,就让明月在其间若隐若现,衬托出来,即所谓的"烘云托月"。

当今天谈论西方伦理学乃至全部西方哲学的根本性特点时,人们往往会借用苏格拉底在著名的《申辩篇》中为"哲学"辩护时所使用的"牛虻"喻象。① 在那里,苏格拉底将他生于斯长于斯的雅典城邦比喻为一头曾经勇猛,但趋于臃肿、懒散的牲畜。雅典需要哲学智慧施与不时的理性反省与批判来恢复活力,就是牲畜需要"牛虻"的不停蜇咬,才能使之活动和运动起来,从而保持清醒的理智和健康的体魄。与苏格拉底将哲学家比作牛虻相比,儒家也曾对孔子为代表的圣哲有过一个喻象,即将孔子喻作感应天机,彰露天命,教化众生,影响后世的"木铎"。② 如果我们认同亚里士多德关于"哲学活动属于人之天性"和孟子关于"人皆可为尧舜"的说法,我们每个人在我们的人生中,实际上都不仅是一只具有理性批判精神的"牛虻",更是一座座在历史、社会、文化生活的感应、感动、感通中聆听德性的天机天命,并将之传播出去,实行开来的"木

---

① 参见 Plato, *The Trail and Death of Socrates*, trans. by G. M. A. Grube, Indianapolis, Hackett Pub. Inc. p. 33。

② 参见《论语·八佾》第 24 章,本书索引《论语》以及篇章划分,均出自杨伯峻:《论语译注》,北京:中华书局,1980 年。后文所引《论语》,均出于上书,不另注。

铎"。而且,在更深的一个层次上说,"理性的""省思的""批判的"活动难道不也是一种特殊的"感应"与"感动"活动吗？所以我想当孔子在"朝闻道,夕死可矣"中,将"闻道"作为哲思活动的最高境界时,他在心目中浮现出的一定就是这个"木铎"的形象。

第一章 感 动

第 1 节 规则伦理学框架下的底线伦理之困难

道德哲学探讨的一个根本问题是伦理学的本性问题,即什么叫"好"?什么叫"不好"?"好人"和"坏人","善行"和"恶行",我们衡量的基础是什么?判定的标准又在哪里?而这在哲学史上往往又被归结到关于我们的道德意识之源起和界限的思考。关于这个问题,现在人们谈得比较多的是"底线伦理"。什么叫底线伦理呢?这就是要求我们在日常的社会生活中,设置和遵循一些普遍有效的为人处事的底线,这些底线构成我们生活中基础性的和确定性的道德标准,也因而可以被用来判断一个人的行为是否道德,乃至于用来判明一个社会的道德水准的高下或是否道德沦丧。例如,北京大学的何怀宏教授就在一篇名为《一种普遍主义的底线伦理学》的文章中提倡确立这样的道德底线,并将这一底线视为"社会的基准线"和"水平线",在这一意义上,何教授认为,"我们会谈论乃至赞同今天道德规范的内容几乎就接近于法律,遵守法律几乎就等同于遵守道德"。① 在我看来,这种底线伦理的说法,和西方现

---

① 参见何怀宏:"一种普遍主义的底线伦理学",《良心论》,附录,上海:上海三联书店,1998年,第416—422页。应当指出,何教授针对当今社会普遍道德沦丧,道德相对主义与虚无主义盛行的情形大声疾呼,提倡某种普遍主义的道德底线伦理,这有着相当的必要性和正当性。同时,何教授也注意到,底线伦理"不是道德的全部,(转下页)

代伦理学主流将伦理学的本性理解为规范型的律令性或律则性伦理的说法是一致的。传统德性伦理学的现代复兴先驱,著名的英国女哲学家安斯康姆(G. E. M. Anscombe)就曾将现代伦理学的本质描述为"伦理学的神圣律法概念"(divine law conception of ethics)。①而英国另一著名道德哲学家海尔(R. M. Hare)也曾经说过,"假如我们不能使得一个规范普遍化,它就不能成为一个'应当'"。②按照这种说法,看一个行为是否道德,主要在于这一行为是否符合某种道德规范,而且这一规范必须是普遍的。这也就是说,一个行为是不是道德行为,有两个基本标准,一个是它的规范性,另外一个就是它的普适性,两者缺一不可。

在我看来,按照这种要求建立的底线伦理学,在哲学上假设了两个未经论证的前提,一个是存在论上的,一个是知识论上的。前者假设世上有某种或某些先天存在着的基本道德规范和规则,它们是放之四海而皆准的;后者假设我们人类,出于某种机能和功能,能够认识发现并正确地实践它们。坦率地说,过往主流伦理学说,大多都在这两个根本性问题上或语焉不详,或干脆避而不谈。③当然,我在这里,由于着重点和篇幅的原因,并不能专门讨论这个问

(接上页)道德并不仅仅是规范的普遍履行。我们还需要人与人之间的一种理解、关怀和同情……"(同上文,420、422 页)但是,何教授试图从这种关切、同情、恻隐之类的"良心"出发,去建立作为日常道德社会生活的普世底线或规范律令的做法,在理论上似乎隐含着根本性的缺陷,因为这会导致其难以摆脱道德主观主义的立场。

① 参见 G. E. M. Anscombe, "Modern Moral Philosophy", Philosophy: The Journal of the Royal Institute of Philosophy 33, 1958, p. 1。

② 参见 R. M. Hare, Freedom and Reason, Oxford: Clarendon Press, 1963, p. 89—90。

③ 关于这个问题的批判性讨论,参见 Max Scheler, Formalism in Ethics and Non-formal Ethics of Values—A New Attempt Toward the Foundation of an Ethical Personalism, trans. by Manfred S. Frings and Roger L. Funk, Evanston: Northwestern University Press, 1973。

| 第一章　感　动 |

题,但对于立基于其上的所谓底线伦理学,在具体的道德伦理实践中,我想至少会遇到与上述前设相关联的三个疑难问题。倘若底线伦理学不能很好地解答这三个难题,那么它在理论上至少就是可被质疑的或不周全的。

第一个难题似乎很简单,即我们大概很难找得到这样的普遍道德底线。① 可能有人马上就会说,"不应撒谎""不应杀人"明显就是这样的一些道德底线,这些在基督教的"十诫",佛教的"八正道",以及儒家的基本信条中均可找到。这话固然不错,但我们同时也必须承认,这些作为底线并不是完全没有争议和普世皆准的,像善意的谎言是否应当被允许就是一个问题。② 还有,在现代西方,欧洲和美国之间,即使是同属一个文化宗教传统,关于死刑是否应当废除的问题,也是争得不可开交。即使我们撇开这第一个问题不论,承认我们的确可以找到这样的一些底线,也就是说,通过某种机制,例如通过民主对话和平等协商,我们达到了某些我们以为可以成为道德底线的规范。但我们马上就会遇到第二个难题,即人们对于这些道德底线的解释也可能是各个不同的,这尤其是会发生在争执双方,或各方对于基础价值的理解出现激烈冲突,以及涉及基本权益的时候。如果没有基本价值和权益的冲突,也许人们还能达成对于某个抽象概念的共识,例如关于人权和人道,我们可以原则上一致同意,可是在具体解释和规范实行的时候就不行了,依旧难免出现"公说公有理,婆说婆有理"的结局。这样一

---

① 例如,前些年汶川大地震引发的"范跑跑"和"郭跳跳"的民间争论,就是沿着底线伦理的思路展开的。

② 关于这个问题的著名讨论,参见 I. Kant, "On A Supposed Right to Lie Because of Philanthropic Concerns", in *Grounding for the Metaphysics of Morals*, Supplement, third edition, trans. by James W. Ellington, Indianapolis: Hackett Pub., 1993, pp. 63—67。

来,所谓"规范"的力度或效率就会下降,规范会变为一纸空文,从而最终导致道德评判的无政府状态。而且,这些空洞的概念还有可能沦为某些有权有势者,在冠冕堂皇的旗号下满足一己私欲的工具。第三个问题更为严重。虽然这样的一个底线的设立与强制执行,也许会有助于维护人类公共生活的社会秩序,但却无法推动人类道德水准的改善和提高。道德生活,按照亚里士多德的说法,不仅是一个求生存的问题,而且更是一个求"好的生活"的问题。①底线伦理学只求大家能平安相处,不相互冲突和伤害,这实际上是一个政治、社会生活的基本要求,这一生活的基本原则是正义和公平。将政治生活与道德生活混同、将道德规范和法律规范混淆,这是现代人生活的一个误区。正是由于这一混淆和失误,我们看到,在现今的生活中,高等法院的法官,甚至政府高官的意志,往往成为个人行为道德与否的最终裁判者。比如,在美国,很多伦理争辩最后要到最高法院进行裁决,这实际上混淆了法律和道德的界限。法律成了道德的最后底线。这种情况如果出现在道德沦丧的年代,人们就会不仅仅以不违反法律为道德的标杆,而且更可能认为,即使违反法律,只要不被发现定谳,就是道德的或者至少不是不道德的。这样下去,其结果必然是,法律条文越来越繁琐,道德底线也随之越来越低,而且,人们还会想方设法地去钻空子。这样,道德规范越变得越来越琐细,道德评判和道德标杆的本来意义就会丧失。道德规范也就没有存在的必要,只要有法律就够了。这在实际上是否认了人有道德完善和道德进步的可能性和必要

---

① "好的生活",按亚里士多德的说法,就是"Eudaimonia",一般译为"幸福",这是我们人类全部道德实践生活的最终和最高目标。关于亚里士多德的幸福论的具体论述,参见 Aristotle, *Nicomachean Ethics*, trans. by Terence Irwin, second edition, Indianapolis: Hackett Pub., 1999, Book I, pp. 1—18。

第一章 感 动

性。总而言之,这些就是当今比较流行的底线伦理学或者规范伦理学必须面对和解决的问题。撇开这些问题,奢谈什么"底线伦理""普世伦理",只能在哲学上陷于概念上的空洞游戏和实践中的一厢情愿。

同时,这三个问题也彰显出我们在对道德哲学的基础传统思考,即在对道德意识的本性理解上,也许有缺陷和误区。道德是否一定要具有律令式的规范性,是否一定要有"放之四海而皆准的"普遍性?这些也许并非天经地义,而是需要认真思考与讨论的。天主教著名的神学家和哲学家孔汉斯(Hans Kueng)就企图从上述的立场出发来建立未来世界的全球性"普世伦理",而在我看来,全球伦理作为普遍性、强规范性的律令式的规范伦理和底线伦理是不可能且不必要的,但作为具有"弱规范性的"或者说作为"范导性的""示范伦理",则是可能和必需的。因此,问题也许并不在于:我们是不是有,以及如何设立这样一些律令式的底线原则来作为日常生活和行为的规范?而是在于去探讨,这些"底线"或"规范",如果存在的话,它们的本质以及形成机制和基础究竟是怎样的?

第2节 道德感动之为道德意识的起点

上面讲的是我对当今伦理学界主流理解的一个质疑,这可以说是一个负面的批评。下面我将从日常道德生活的角度,从正面来谈谈我所思考的我们的道德意识究竟如何起源、形成或建构的问题,也就是说,在我们的生活中,作为道德评判和道德提升的伦理力量究竟是如何形成的?

道德意识,一般来说,就是一个有关善恶的道德评判。那么,我们的道德意识的起源是什么?学者们常常从形而上学、历史学、人类学、宗教文化乃至生物遗传的角度来谈论道德意识的起源。但我在这里不想涉及那般深远,只想从我们的日常生活的一个普遍现象来谈谈这个问题,这个现象就是"道德感动"。我们时常都会,或者说有可能为一些人、一些事所感动。现在的问题是:为什么我们会感动?"感动"像"善""仁""义务""责任""诚实""公正"等等一样,是一个伦理学的概念和范畴吗?如果是,那"感动"的意义将如何界定和描述?

什么是道德感动?我们在日常生活中经常被某些事件,被某些人的行为所触动和感动,这几乎是个不争的事实。但严格说来,并非所有的感动都是道德感动。这里我们至少可以区分出道德感动与美学感动,还有一种感动也许是宗教感动。例如我们不仅为道德壮举、英雄行为所感动,也常常为大自然的鬼斧神工,艺术品的回肠荡气、巧夺天工而赞叹和感动。在康德关于美学判断的哲学思考中,有"秀美"与"壮美"的著名区分。所谓"崇高感",就是一种关于"壮美"的感受。当然,这种"崇高感",又与我们的宗教感动相联。

无论道德感动还是美学感动,都无疑是一种价值感动,是一种由"好东西"所激发的感动。应该说,这种感动的存在,就是价值本身存在的见证。① 因为我们这里探讨的重点是道德感动,所以我们也许会说,"感动"这一现象的存在,说明道德怀疑主义和道德虚无主义的立场站不住,因为无论道德怀疑主义还是道德虚无主义,都企图对道德存在本身发出质疑。而在我们的日常生活中,伦理道德不仅是应该而且是必须的,这是一个不需要也不容讨论的问题。让我们扪心自问,我们有没有曾经被感动过?如果我们被感动过,

---

① 例如当代著名加拿大华裔词学家叶嘉莹教授,就曾将她称为"情往似赠,兴来如答"的"兴发感动"视为古典中国诗词最重要的美学价值的基础。具体参见叶嘉莹:《迦陵论词丛稿》,北京:北京大学出版社,2008年,第1—19页。

第一章 感　动

那么一般说来,我们一定是由于一些好的东西、有价值的东西而感动。不错,因为感动是一种情感现象,我们常常难因犯错而出现虚假的感动。但正如我下面将要讨论的那样,尽管虚假的感动有各种情形,但这些大概都不能否定,或者至少不足以否认道德感动之为道德德性或道德价值之见证这一基本的特性。而且,道德感动,就其本质而言,也不可能是一孤立的个体现象。也许有人会说,几乎不可能出现所有的人在同一时间,为同一件事情所感动,但在所有的时间,不被任何事物所感动的人也是几乎不存在的。因此,我们也许就可以在逻辑上得出结论,只要有一些人或很多人在日常生活中为一些事所感动和不断地被感动,那就能说明道德的存在是明明白白、可质疑的事情。正因如此,我将道德"感动"作为我们的道德意识,以及我们研究人的道德本性的一个起点和人的道德意识的见证、明证。所以,道德哲学问题的症结就可能首先既不在于如何从规则规范上提出应当如何生活,也不在于从形而上学的角度先验地断言人性的善恶,也不在于从历史的经验中寻找、描述道德意识的远古起源,甚至也不在于如何从生物遗传的角度探寻道德的基因,而更在乎如何在日常生活的具体感动事件中,看待我们的道德意识的本性。

尽管我们在概念上区分道德感动与美学感动,甚至还有宗教感动,但在汉语的日常语境中,当我们说"感动"的时候,我们往往指的是道德感动。众所周知,在现代汉语里,"感动"由"感"和"动"两个字组成。"感"主要指的是"感觉""感情""感触",泛指某种人的情感和情绪。但在更深一层的语言、历史、文化层面上,"感"字还指向某种与人相关,但又常常超越于人的"感应""交感""感通"等等。"动"一般说的是"运动""活动""行动",但和"感"字联系在一起,说的大概就是人在价值活动的交往、情绪感应中所引发或激发出的具有道德意义的心的"行动",或者至少是有趋向于道德行为的心的"冲动"过程。所以,在1900多年前东汉许慎编撰的《说文解字》中,"感"被解读为"动人心也"。① 除了"感动"之外,我们日常所讲的诸如"同情""怜悯""心安""恻隐""羞耻""恭敬""惭愧""内疚""罪恶感""怨恨""义愤"等等,大概都可以归入"道德感动"的范畴之列。按照这一思路,我们还需要区分出广义和狭义的道德感动。广义的道德感动指的是所有具有道德见证力的、激发出我们的道德评判力和道德意识的情感,其中既包括积极正面的,也包括消极负面的情感。但从狭义上讲,也许只有那些能促进和激发人道德向上的情感,即有积极正面意义的情感才属于道德感动。

在中外哲学史上,应当说道德感动的哲学意义,尤其是其在道德伦理学上的意义很早就引起历代圣贤睿哲的重视和思考,比如孔子讲的"心安""乐""耻";孟子讲的"怜悯""恻隐","不忍人之心";王阳明讲"致良知";再如休谟(D. Hume)、尼采(F. Nietzsche)、舍勒(M. Scheler)、斯特劳森(P. Strawson)、司洛特(M. Slote)等分析探讨的"同情""义愤""怨恨""感情"等等,都可以归属于广义的道德感动的范围。

感动触及我们首先是在我们的日常生活中,因为往往让我们深深感动的并不一定就是那些高、大、全式的英雄伟业,而是我们在日常生活中所遇到的成千上万的平常人、平常事,这些才是我们道德意识的"源头活水"。比如前面所引述的鲁迅先生写的《一件小事》,还有朱自清先生写的《背影》,这些都是在我们周遭日常生活中发生的活生生的事例。再如汶川、玉树大地震中发生的很多

---

① 参见许慎:《说文解字》,北京:中华书局,1963年,第222页。

第一章 感　动

事情,这些都深深感动我们。我们为什么感动?它们背后反映的是怎样的道德力量?

道德感动还有的一个重要特征在于,它不仅仅是一种心理层面的感动,而同时也是一种判断。换言之,我们不是先对之有一种感觉、情感,然后再对它加以判断。道德感动本身就已经蕴含着一种判断在内,道德感动就是一种道德判断。而且,这里牵涉的是一双重的判断。当我们被一个行为所感动的时候,我们不仅肯定了这一行为,对之给予一个道德赞赏的判断,而且更为重要的是,这一道德感动同时也显现出或见证了这一道德赞赏的根据。也就是说,道德感动自身可能不一定是一个道德行为,但是它确是道德德性的一种见证,而且它还是引发新的道德行为的一种力量,它往往诱导、激励、推动、促进后续的道德行为产生。这样,道德感动的道德判断和见证功能就使得自己和他人的道德行为发生或至少有可能发生。

关于这一点,有人或许会提出质疑,何以见得?让我们来具体分析一个例子:"村子里的人愤怒了,将通奸的恋人捆绑沉入水塘。"在这个例子里,从情感分析的角度看,无疑会出现多种情形,即会有人愤怒、有人同情、有人不忍……这里涉及的不是一个单一道德事件的评判,有许多复杂的因素在起作用。愤怒的人之所以愤怒,大多是因为感到维系家庭完整的忠贞价值遭到侵害;同情的人之所以同情,多少是因为在其中看到了男女之间的真情真爱;而不忍的人之所以不忍,乃是对生命价值的遭到侵犯的惋惜。当然,一般说来,通奸、破坏他人本来完整的家庭,这值得痛恨。但在某些情况下,一个不值得保留的婚姻,一个充满压迫和压抑的婚姻,一个无趣而又强扭在一起的婚姻,"通奸"难道不值得同情吗?在托尔斯泰的名著《安娜·卡列尼娜》中,安娜对传统家庭的背叛和对理想爱情的追求;《廊桥遗梦》中的男女主人翁短短几个日夜炙热的婚外恋情,难道不值得同情吗? 当然,需要指出的是,人们在这里同情的不是那破坏家庭价值的通奸,而是男女之间相爱的真情。还有,被捆绑沉入水塘的恋人为什么会引起同情和不忍? 这里引起同情和不忍的不是他们破坏别人家庭的行为,而是即便他们如此,他们的生命和身体也不该遭受如此残暴的对待。这也就是说,在同情感动的这一刻,我面对的是活生生的、具体的人和事,我感受到的是此时此刻她或者他所受到的折磨,我并没有想要将这一行为作为一个判准,来理性地校验或证明,它是否能够符合或归属某个普遍道德律令。因此,道德感动首先不是关于某个具体行为对错的判准,而是某种道德德性显现的当下见证。这样说来,对待同一件事情,周遭的人们,可能会有不同的感受,因为感受的角度不同,他们之间虽然可能结论不同。再例如在作家张爱玲的著名小说《色•戒》中,王佳芝,作为一个女人,在那一刻被感动了,那是一种真情价值的感动,是一种德性的见证,尽管这种感动从理智判断的角度来看,很愚蠢,后果也很严重,王因此丢了性命。但正是在这一点上,作家张爱玲刻画了人心、人性的真实,同时也使得这部作品得以不朽。

最后,我们还需要区别道德感动和情绪激动,尽管这两者交织缠绕,常常一同发生。在我看来,感动具有伦理特性,而激动一般只有生理特征。或者说,激动往往只是感动的一种外在的生理表达形式。激动并不一定保证有感动。陈嘉映认为,和激动相比,感动似乎处在一个更深的心理层面上,这话很对。[1] 在感动这里,有

---

[1] 参见陈嘉映:"感人、关切、艺术",载于陈嘉映:《思远道》,福州:福建教育出版社,2000年,第182—185页。

第一章 感 动

着更多的传统积淀和文化参与。或者是否可以这样讲,常常因为我们感动,所以才激动。这也就是说,虽然两者之间也许没有一种逻辑必然的联系,但也时有出现有激动而无感动,或者有感动而无激动的情形。不过,在多数情况下,道德感动伴随有生理激动,大概是一不争的事实。

再一个我们需要注意的区别是虚假的感动和真实的感动。在现实生活中,常常有人为了特殊的目的而制造虚假的感动,这些感动常常也能制造激动的效果。虚假的感动大概有两种:一种是通过对虚拟事实的编纂和想象而引发出来的感动,例如我们看一部电影、读一本小说、听一个故事,我们都可能被虚拟故事中的情节感动得一塌糊涂。在这种情况下,即使我们知道情形是假的,但我们还是情不自禁地感动;另一种则是伪装出来的感动,即为了某种达到某种目的,由当事人伪装出来的感动,比如某些表演者或骗子的行为。比较这两种虚假的感动,我们应当说,只有那后一种感动才不是真实的感动,而前面的那种感动,感动还是真实的感动,尽管它为之所动的对象可能是虚拟的。例如我们被故事中的爱情所感动,虽然故事是虚拟的,但它所反映见证的价值却绝不是虚假的,爱情本身是人类生活和心灵中的美好价值和情感,我们为它而感动,这是对虚拟事实的真实感动。而且,我还想说,即便是真正虚假的感动,依然对我们的道德评判有意义,只是这种意义,不再是积极正面的意义而是消极负面的意义。也就是说,在某些情形下,我们可能因为无知,一时受骗,为一些人造作出来的虚假行为所感动,但是,一旦我们知道了被蒙骗的真相,我们马上会感到反感、厌恶乃至愤怒,这就是一种具有负面意义的"感动"情况。如前所述,这也属于宽泛意义上的道德感动。所以,正面的感动是道德行为和道德德性的见证,而厌恶作为负面的感动则是不道德行为和不道德德性的见证。

我们还需要讨论的一个问题就是感动与不为所动的关系。不为所动就是无动于衷。我们知道,道德感动作为一种道德情感,一般会涉及一个心理阈限值的问题,这种阈限值会随着时间、地点、人事的变化而发生变化。所以对同一件事,会出现有些人感动有些人却不为所动,甚至同一个人对同一件事,今天感动明天却不再感动了的情况。但我们知道,虽然很少会出现所有人为同一件事情所感动,但也几乎没有人能在其一生中从未被任何事情所感动,我们由此来回答不动心的问题。当然,古代圣人往往在道德修养的最高境界上来谈论不动心。这里,不动心讲的是圣人对自己感官感觉、情感、欲望的忍耐功夫。但在我看来,这并不否认不动心的伦理意义。如前所述,这个不动心并不是指绝不动心而是指不易动心。即使退一步说,古人讲不动心,或者指圣人,或者指恶魔,所以对绝大多数常人来讲,道德感动还是存在的。在这里,第一,道德高尚的圣人或者道德低下的恶魔往往只是比常人具有,或者设置了更高或更低的道德阈限而已。圣人的道德阈限值很高,不太容易被感动。一般常人道德阈限值比较低,所以容易被感动。但这并不说明圣人或者恶人永远和完全不被感动,更不能由此推出,因为有些人不为某些事感动,所以,道德在根本上就不存在。相反,这仅仅说明道德感动的阈限值在各个人那里也许是不同的。第二,即使对于那种绝对意义上的不动心,古人也并非持有一种绝对肯定的态度。例如儒家就曾经批评过那种漠视残忍的忍人之心,而提倡"不忍人"之心。甚至古代道家,也不是完全排斥让人动心的真情、真性。真性情是不加掩饰的,并不是完全不动心。由此可见,不动心并不否证道德的存在,相反,我们通过不动心,恰恰见证出道德和价值的存在。①

第3节　道德感动是道德哲学的重要范畴

下面我想进一步讨论的是，按照这样理解的"道德感动"，它在道德哲学或伦理学建构过程中的本质机制是什么？或者说，作为道德哲学的重要范畴，它可能有哪些基本的特点？

首先，我想引用英国当代哲学家斯特劳森（P. Strawson）的一个观点来说明道德感动的第一个本质性机制，即道德感动的"亲身性"。斯特劳森认为，情感反应作为一个特定的言语过程，牵涉到自我和他者之间，第一和第二人称之间的一个对应性的或对话性的行为交往过程。它一定是一个我你关系，是一个面对面的关系。所以，一旦我们引进第三人称，即引入一个客观的第三者的判断，就会取消原初的对应性特质而导致对话情景的消隐。② 将这一说法应用到理解"道德感动"的伦理学本质上，我们大概可以说，"道德感动"一定具有某种亲身性。也就是说，一定要身临其境，才会有感动发生。这种亲身介入，虽然并不必然要求情感主体的当下事实在场，但至少要求我们设想自己当下在场。所以，我想把这种道德感动的当下在场和亲身介入的特性，称之为道德的亲身性。按照这一理解，感动一定要有一种对应、响应、对话的形式，即呈现

---

① 这里讨论的"不动心"，即"无动于衷"，主要是作为一种道德心理现象来看待和分析。在中国哲学传统中，"不动心"的概念往往还在道德本体的意义上被使用和讨论，例如王阳明在其著名的四句教中，谈到"无善无恶心之体，有善有恶意之动"时，应该谈的就是作为道德本体的"不动心"与作为道德本体之见证的道德感动的"意之动"之间的关系。

② 参见 Peter Strawson, *Freedom and Resentment*, London: Methuen, 1974, pp. 8—13。

一种互动影响的关系状态,它似乎不太会是一种客观观察或理论论辩的过程。它强调身临其境,而且要求不断地身临其境,将心比心,在设身处地的情境中激发或启动我们的道德自我与道德意识。换句话说,正是在这样那样的道德感动中,一种强烈的道德自我的感觉和自我意识才会出现。所以,亲身性应该是道德感动的第一个本质性特征。

第二,道德感动在其根本上是一种情绪状态,不是一种逻辑推理或理论推论。也就是说,道德感动是一个非逻辑、非对象化的过程。与推论、论理过程不同,道德感动,作为一种情绪状态,是一种感应、感染和传染的东西。① 在某种道德情境中,有时我们心里隐隐约约、模模糊糊地就会动起来,正因为这样,道德意识就可能被有意识或无意识地加以培养,这样,我们的道德感就会越来越强,以至于在社群中慢慢形成风范和习惯。但这里我还想说,虽然道德感动作为一种情绪状态,具有非逻辑、非对象化的特质,但它并非完全来无影、去无踪,完全不可琢磨。在道德感动的瞬间,图像、影像往往起着重要的作用。换句话说,道德感动的现象学分析告诉我们,我们的道德意识的培养生成过程也许更是一个图像化、影像化的过程,因为我们大概很少会为一个抽象的道德理念,一条普遍的道德规则所感动,但我们往往会为一个个具体的道德形象、道德故事所感动,为我们身边的一个个事件、一个个人的行为所感动,而所有这些,都是以图像、影像的形式出现的。

第三,道德感动首先一定不是一个理论思辨行为,它在其本质机制上必然与行动有关。在道德感动中,我们也许不一定马上付

---

① 马克斯·舍勒曾经分析过这种情绪感染与传染的特点。参见 Max Scheler, *On Feeling, Knowing and Valuing*, ed. by Harold J. Bershady, Chicago: University of Chicago Press,1992,pp.54—66.

诸行动,但至少要有某种程度上的去行动的冲动。所以说,感动感动,感而不动大概就不是真的感动。

第四,道德感动既有个别性,又有公共性的特征。一方面,道德感动是在一个个别性、亲身性的情景中发生,每一个感动都因人、因事、因地、因时而异。但另一方面,我们也必须说,每一份感动又都隐含着公共性的层面,蕴涵着一种我所认同的具有公共性的道德价值,正是在这个意义上,我们讲道德感动是道德德性的见证。从表面上看,我在一个具体的情境中被深深地感动(积极意义)或产生愤怒(消极意义),但这种个别的感动或愤怒的出现,就其本质而言,乃是因为我所认同的一种具有公共性的、"我们的"价值得到了弘扬或者遭到了侵犯。例如,斯特劳森就曾指出,虽然诸如"愤恨"之类的道德情感的发生是出于对个别的行为的反应,但真正引起这些反应的决不仅仅是"个体"的行为,而是涉及行为的本质,即这一行为违反了公共认可的道德价值。在这里,侵犯的不仅仅是我个人的权利或权益,而是大家共同认可或默认的一种价值。[①] 同理,道德感动是这样的一种对行为的赞许,这里赞许的不仅仅是个别的行为,更是那行为背后所见证的、公共认可和崇尚的道德价值和道德品性。当然,这里的"公共性"更多的是与历史、传统、文化、风俗相关,而非与神性的天条或先验的律则相联。

第4节 道德感动与儒家伦理的传统

尽管在中西方哲学思想发展的传统中,我们都可以找到对道

[①] 参见 Strawson, *Freedom and Resentment*, pp. 8—13。另外,马克斯·舍勒也持相似的观点,参见 Max Scheler, *Resentment*, trans. William W. Holdheim, Milwaukee, WI: Marquette University Press, 1994, pp. 20—57.

德感动这一现象予以重视的证据。但相比较而言,无论是从提出的年代、所重视的程度,还是从论述的数量言,道德感动无疑在中国人的伦理哲学思想的发展进程中,所占据的都是一种主流的核心位置。①

我们知道,在几千年的中国哲学思想的传统中,应当说很早就注意到人类的情绪感动现象与道德德性、道德行为之间的关系。首先,人类的情绪感动常常被表述为自然阴阳交感以及感应、感通的一种现象和方式。按照这种说法,浩瀚宇宙中的日月山川、自然万物之发生运作,甚至包括历史朝代的兴盛衰亡,个人生活和生命的变迁起伏,无一不是由于阴与阳这两种基本力量的此消彼长,相摩互荡所决定。阴阳谐调和合,万物兴盛发达,阴阳冲突失衡,妖孽灾祸横生。不仅如此,人们还相信,在这种发生运作和兴亡起伏的大化冥冥之中,有一种道德伦理的力量在起作用。所以,人们一方面相信"天命靡常",但另一方面又坚持"以德配天"。这种以阴阳冲突与和合为基础的天人合一、天人感应式的中国哲学的传统宇宙观和道德形而上学的一个重要特点就在于,道德德性或善恶之质常常通过身体的感觉和人心的感受,即喜怒哀乐、饥渴痛痒体现出来,得以见证和验证。例如,我们中国人日常语言中所讲的"感天动地"或"天怒人怨"等等,就是出于这样的一种用情感语言的方式,来表达我们赞赏还是反对自然和人事行为中善举与恶行的古老传统。

---

① 例如,李泽厚先生就曾反复强调儒家以亲子人伦关系为基础的"仁学",其本质乃是一种"情感本体论"。参见李泽厚:《中国古代思想史论》,北京:人民出版社,1985年;《己卯五说》,北京:中国电影出版社,1999年;《论语今读》,北京:三联书店,2004年。近年来,孟培元先生也将儒家哲学的历史解读为一部以情感哲学为主体的历史,具体参见孟培元:《情感与理性》,北京:中国社会科学出版社,2002年。

| 第一章　感　动 |

　　中国人在哲学思想的层面上对"感",即"感觉""感情""感动""感通""感应"的思考和重视大概最早可以追溯到易经和易传年代。我们知道,易经是中国最古老的占卜典籍之一,后来经过儒生的注释和解说,成为儒家的六经之首。周易古经由64卦象和其卦辞、爻辞组成,分上下两经,一般认为从乾、坤两卦始,以既济、未济两卦终。正因如此,传统解释强调乾(天)坤(地)两卦的整个易经体系中的龙头地位,并用此两卦象来诠释易经的基本精神。不过,也有解释者更看重下经的首卦咸卦,认为这才是真正体现易经精神的根本。① 按照易传的经典解释,"咸,感也"。② 许慎的《说文解字》更进一步将"咸"解为"皆"与"悉",取其相互间地"详尽获悉"之义。③ 因此,"咸"之卦象所体现的乃是天地之"感悉",圣人、人心之"感悉"与山泽之"感悉"的情状。东晋高僧慧远曾因此得出"易以感为体"的结论。④ 这一结论也为后世具有创新精神的儒者所接受和弘扬。例如明末的李贽,就曾明确宣称,"天下之道,感应而已";⑤清初的大儒王夫之,就更进一步提出,"咸之为道,固神化之极致也","故感者,终始之无穷,而要居其最始者也"。⑥ 我虽然不完全同意将"咸"卦在易经整体体系中的地位拔高到替代甚至超过"乾""坤"的解释,但也一直认为,传统易经解释中对下经首卦或整个易经体系的中位卦,即"咸/恒"卦地位的忽视或重视不足,无疑

---

① 下面关于《易经·咸卦》经文在中国思想史上的解释线索,参照了张再林:"咸卦考",载《学海》,2010,(5),第62—73页。
② 参见高亨:《周易大传今注》,山东:齐鲁书社,1979年,第289页。
③ 参见许慎:《说文解字》,北京:中华书局,1963年,第32、74、314页。
④ 参见余嘉锡:《世说新语笺疏》,上海:上海古籍出版社,1995年,第240页。
⑤ 参见李贽:《李贽文集》(第七卷),北京:社科文献出版社,2000年,第169页。
⑥ 参见王夫之:《船山全书》(第一册),《周易外传》卷三,长沙:岳麓书社,1996年,第277、903—904页。

是导致先秦中国哲学传统中一些具有非常原创性的思想在后世缺失和不能得到充分发展的重要原因之一。在我看来，强调"乾""坤"在整个易经体系中的龙头纲领地位和强调"咸""恒"的枢纽核心位置并不必然构成易经哲学思想理解上的矛盾，相反，如果我们沿循儒家传统中对"咸"卦之为天地和合、阴阳交感的"明人伦之始，夫妇之义"的"人之道"的基本解释，配合儒家天人合一的阴阳大化宇宙论中的天地人三才感应贯通的说法，我们就会发现，这种对"咸"卦中心地位的强调，恰恰正显现出儒家仁学体系中"立人极"之终极关怀。这也就是说，天地之自然大化之道唯有通过人心和人之身体的感通、感应、感悉方可得到具体的体现。也正是在这一意义上，我们来理解易经咸卦之卦象以及象传对咸卦卦辞的解读。

咸卦的卦象兑上艮下，卦辞曰，"咸：亨。利贞。取女吉"。① 象传对卦名，卦象与卦义的解曰：

> 咸，感也。柔上而刚下，二气感应以相与。止而说，男下女，是以"亨利贞，取女吉"也。天地感而万物化生，圣人感人心而天下和平。观其所感，而天地万物之情可见矣。②

按照这一解释，"咸"卦说的是天地万物男女之间的亨通感应之道。天地之大德曰生。天地通过亨通感应化育万物众生并在这种亨通感应之中显现大德。这也就是说，一方面，天地亨通乃万物化生的缘由和根据，人心亨通乃天下和平的缘由和根据；另一方面，万物化生又通过天地感通，天下和平又通过圣人与民心感通得以体现和呈现出来。这样，天地之大道和大德通过感通、感应、感悉、感动、感情、感悟浸润渗透，进入世间人事，化育我们的道德人

---

① 高亨：《周易大传今注》，第289页。
② 同上。

第一章 感　动

生,使我们从此成之为完整意义上的道德人(仁)。因此,我们也许可以毫不夸张地说,在《易经》象传咸卦的解读中,已经包含有儒家哲学本根论与伦理学的全部要义。这也就是为什么北宋大儒张载在其名篇《正蒙》中会有如下的评述:

> 天地生万物,所受虽不同,皆无须臾之不感,所谓性即天道也。感者性之神,性者感之体。①

这一将天地人事之感应感通与道德人心之情感感动关联在一起的做法,不仅贯穿在作为儒家六经之首的《易经》及以《易传》为代表的儒家哲学理论的传统中,而且也集中表现在以《诗经》为代表的儒家文艺理论的传统中。从上古时代开始,中国古人就有了关于"诗言志"的说法。这一对诗歌本质的理解在 2000 年前的《毛诗序》中得到了充分的发展与发挥。在我看来,这一发展与发挥也许可以从两个方面来理解。第一,按照《毛诗序》作者的说法,

> 诗者,志之所之也,在心为志,发言为诗。情动于中而形于言,言之不足故嗟叹之,嗟叹之不足故永歌之,永歌之不足,不知手之舞之,足之蹈之也。②

这也就是说,诗作为"志之所之"者,主要通过抒发内心情感、感动的方式言说自身,而且,除了诗赋之外,还有"嗟叹""歌咏""舞蹈"作为抒情言志的方式。第二,《毛诗序》还指出,诗乐作为抒情感动不仅言说个人之志,而且还有着重要的社会政治批判和道德教化的功能。一方面,诗乐之音作为抒情感动,呈现或者见证着社会政治和道德风尚之顺和与乖失,所以,

---

① 参见张载:《正蒙·乾称篇下》,载《张子正蒙》,上海:上海古籍出版社,2000年,第 236—237 页。

② 参见《十三经注疏》,阮元校刻,北京:中华书局,1980 年,第 269—270 页。

> 情发于声,声成文谓之音。治世之音安以乐,其政和;乱世之音怨以怒,其政乖;亡国之音哀以思,其民困……①

另一方面,正因为诗乐,尤其是民间诗乐的这种政治、社会和道德的见证作用,作为抒情感动的诗歌,同时也就有了"讽刺""风化"的功能。"风"首先是一种中国上古诗歌的体裁,是产生于当时诸诸侯国且在民间流行的民歌体诗歌,与"雅""颂"相对。但显然,《毛诗序》似乎更强调由于诗歌的抒情感动而来的"风"的"风化"与"讽刺"作用。"风化"讲的是"上以风化下",而"讽刺"则讲的是"下以讽刺上"。这也就是中国传统所讲的"诗教"的由来。

> 风,风也,教也。风以动之,教以化之……故正得失,感鬼神,莫近于诗。②

在上的统治者可以发挥诗的感动作用教化民众,激励、培养良好美德,改变社会风俗,即所谓

> 先王以是经夫妇,成教敬,厚人伦,美教化,移风俗。③

在下的平民百姓则可以"吟咏情性,以风其上",即通过诗的感动作用"以讽刺上",从而使"闻之者足以戒",并进而"正得失"。④

应该说,这种以《易经》与《诗经》为代表的将人类情感,尤其是道德感动作为人类道德德性之见证与道德化育之起点的上古中国思想传统,在随后兴起并在过去 2000 多年中作为中土主流意识形态出现的、以孔孟思想为代表的儒家道德哲学中,得到了有意识和有系统地展开和发扬光大。这中间最著名的大概就是孔子和弟子

---

① 参见《十三经注疏》,阮元校刻,北京:中华书局,1980 年,第 270 页。
② 同上书,第 269—270 页。
③ 同上书,第 270 页。
④ 同上书,第 270—271 页。

第一章 感 动

宰我之间关于"三年之丧"之道德根据的争辩。

按照《论语》的记载，

> 宰我问：三年之丧，期已久矣！君子三年不为礼，礼必坏，三年不为乐，乐必崩，旧谷既没，新谷既升，钻燧改火，期可已矣。（《论语·阳货》）①

显而易见，宰我在这里至少提出了两个论据来反驳"三年之丧"的传统礼法。第一是从行为之后果的角度来反驳，即"三年之丧"的实践势必导致礼乐崩坏的恶果；第二是以"旧没新升""钻燧改火"为喻来阐述行事不应拘泥于旧法，而应合乎时宜或与时俱进的道理。严格说来，宰我的这两点辩驳，虽然并不完全背离夫子之道，但明显惹得老师不太高兴。但这里老师并没有直接反驳弟子的论点和原则，而是换了一个角度说话，

> 子曰：食夫稻，衣夫锦，于女安乎？曰：安。女安则为之！夫君子之居丧，食旨不甘，闻乐不乐，居处不安，故不为也。今女安，则为之！宰我出。子曰：予之不仁也！子生三年，然后免于父母之怀。夫三年之丧，天下之通丧也。予也，有三年之爱于父母乎？（《论语·阳货》）②

在这段著名的师生对话中，孔子提出了"心安之为仁"的原则，这与宰我所认同的"后果"原则、"时宜"原则明显不同。也许孔子并不完全反对"后果"与"时宜"原则，但他更在意的明显是要回归礼俗之源头和基础，强调"心安"这一道德情感在我们日常的道德德性之培育与道德行为之评判过程中的优先地位与根本地位。这

---

① 参见朱熹：《四书章句集注》，北京：中华书局，1983年，第180—181页。
② 同上书，第181页。

也就是说,在最后两句中,即"夫三年之丧,天下之通丧也"与"予也,有三年之爱于父母乎",孔子提出了两个原则,一个是"古礼"的原则,即"天下之通丧也",一个是"亲爱"原则,即"有三年之爱于父母乎"。在孔子那里,这两个原则高度统一,而统一的根基就在于出自"父母之怀"的"亲情之爱"。关于这一点,后世儒家,例如宋代大儒朱熹就看得十分清楚。按照朱熹的解释,

> 夫子欲宰我反求诸心,自得其所以不忍者。故问之以此,而宰我不察也。……初言女安则为之,绝之之辞。又发其不忍之端,以警其不察。而再言女安则为之以深责之。
>
> 宰我既出,夫子惧其真以为可安而遂行之,故深探其本而斥之。言由其不仁,故爱亲之薄如此也。怀,抱也。又言君子所以不忍于亲,而丧必三年之故。使之闻之,或能反求而终得其本心也。①

应当说,孔子的这一将礼教、礼仪、礼俗的道德形而上学基础归源到人心感通、感动、感情的做法,在某种意义上,不仅上接了《易经》《诗经》所传承下来的中国上古伦理思想的古老传统,而且往下,还开启了自曾参、子思、孟子到宋明理学、再到现代新儒家的中国伦理思想和哲学的主流意识和道统。

长期以来,孟子在中国儒学的传统中被称为"亚圣",他对儒学的主要贡献大概在于他系统地继承和发展了后来影响巨大的"心性之学"。而这个"心性之学",其要义无非就是我们这里所讲的作为道德情感的"人心感通"和"人心感动"。这里,孟子将孔子的"心安"之说具体发展为"不忍人之心",又称"恻隐之心",不仅如此,孟子还将这种"不忍人之心"与人类的道德人心之本联系起来,与另

---

① 参见朱熹:《四书章句集注》,北京:中华书局,1983年,第181页。

外三种道德情感并称为人类的先天道德人心之四端。这就是孟子著名的四端说。

> 人皆有不忍人之心。……所以谓人皆有不忍人之心者,今人乍见孺子将入于井,皆有怵惕恻隐之心。非所以内交于孺子之父母也,非所以要誉于乡党朋友也,非恶其声而然也。由是观之,无恻隐之心,非人也;无羞恶之心,非人也;无辞让之心,非人也;无是非之心,非人也。恻隐之心,仁之端也;羞恶之心,义之端也;辞让之心,礼之端也;是非之心,智之端也。人之有是四端也,犹其有四体也。有是四端而自谓不能者,自贼者也;谓其君不能者,贼其君者也。凡有四端于我者,知皆扩而充之矣,若火之始然,泉之始达。苟能充之,足以保四海;苟不充之,不足以事父母。(《孟子·公孙丑上》)①

在孟子看来,这四种人类固有的先天道德情感乃是人类道德本心或本性的最好见证,也是区别于人类与非人的禽兽的最后界限所在。当然,作为"端倪",这些道德情感的存在只是展现出人类成善成仁的可能性,它们还需要长期被"养之""充之",这也就是儒家后来所讲的终身学习、修养和道德成长过程。假若我们不善保养,忽视、漠视甚至残害这些作为道德本性之见证与端倪的道德情感,我们就会在道德上日趋麻木、冷漠、无动于衷,就会沦入如宋代大儒程颢所说的"麻木不仁"的境地。

第5节 儒家伦理:情感本位的德性伦理

沿着道德感通和道德感动这一主流线索来理解和把握中国伦

---

① 参见朱熹:《四书章句集注》,北京:中华书局,1983年,第237—238页。

理哲学,尤其是儒家伦理学发展的基本方向,这不仅可以帮助我们更好地理解东亚伦理道德哲学的传统,而且还可以帮助我们定位儒家伦理传统在未来全球伦理中的独特位置。这里我们会说,儒家伦理的理念相近于德性伦理学,它的理论所强调的主要是如何培养和练就做一个善人和好人,即仁人君子的品德和品性,而不是要寻求一整套理论理性的体系规则来判定哪些事情该做,哪些不该。众所周知,在西方哲学史的主流中,德性伦理学的基本形式和源头是亚里士多德主义的伦理学。亚里士多德讲,伦理学所寻求的目标无非是人的生活的幸福,也就是说,为人类寻求一种好的生活,而人的生活的好坏则又是由有机生活本身的内在理性和本质性的目的所决定的。诸道德德性之所以重要,就在于它们是帮助我们达到和实现这种内在理性的本质生活目标必不可少的卓越品德和条件,所以,幸福生活、理性生活与德性生活是基本一致的。①按照这一理解,亚里士多德的伦理学,一方面是德性伦理学,另一方面又是目的论的、理性主义和本质主义的伦理学。由于亚里士多德强调内在理性生活的本质目的性,它对道德情感的重要作用就似乎显得重视不够。而在我看来,以及根据我们上述的简要梳理所显现出来的那样,在人类哲学史上,尤其是在道德哲学的思考中,以孔子、孟子为代表的儒家伦理学,也许可以被视为是最早赋予道德情感,即我在前面所分析的道德感动以实质性地位的伦理学理论。虽然同为德性伦理,和亚里士多德所强调的理性主义的目的论的假设不同,儒家伦理似乎更加强调"道德感动"的本然地位。正是在这一意义上,我倾向于将亚里士多德的德性伦理学定

---

① 参见 Aristotle, *Nicomachean Ethics*, Book I, pp. 1—18; Book X, pp. 162—171。

第一章 感 动

位为本质主义的德性伦理学,而将儒家的德性伦理学称之为情感本位的德性伦理学。

需要指出,儒家伦理学作为情感本位的德性伦理学,与西方近现代规则伦理学背景下的情感主义伦理学(Emotivism)之间,也有着根本性的区别。我们知道,情感主义伦理学在西方哲学史上,大概可以追溯到英国经验论哲学家休谟。休谟指出,道德探究主要不是一个事实问题,因此也不可能是一个理性规则的问题,就其本性而言,价值问题是一个情感问题,所以不可能有普遍律则意义上的道德哲学,也就是说,道德哲学,就其本性而言,不可能为我们真正提供判断一个行为之好坏善恶的规则判准。① 这样,以休谟为开端的情感主义道德哲学就势必走向道德相对主义的泛滥和困境。儒家的德性伦理虽然会认同休谟伦理学对情感在伦理学基础中的重要地位的承认和提升,但作为德性伦理学,则可能避开作为休谟式的情感主义伦理学所导向的相对主义结论或困境。② 因为在我看来,道德相对主义和绝对主义之争,实质上是在规则伦理学范围内的争执,也就是说,道德的相对性或绝对性,是在说明道德规则之实践应用时的相对和绝对,即是在判定某个道德行为之道德性质时才会出现的困境。休谟式的情感主义伦理学的基本主张是,因为道德情感是主观的,而且会经常出错,所以不可能在普遍规则的意义上判定某个行为的道德善恶性质,所以,道德知识不能声称具有像科学事实知识那样的普遍性质和绝对性质。但在德性伦理

---

① 参见 David Hume, *A Treatise of Human Nature*, ed. by David & Mary Norton, Oxford: Oxford University Press, 2000, Book II & Book III。

② 严格说来,休谟的情感哲学与现代哲学意义上的休谟式情感主义伦理学(Emotivism)也许并不能完全等同。由于本文并不是关于休谟情感哲学的专门讨论,故不进入细节。

学的背景框架下,道德情感的作用应该不会像休谟式的情感主义伦理学那样,引向道德相对主义的结论,这是因为在这里,强调的不是普世规则或律令的认定和实施,而是在其特定情境下的特定品格、德性的培育和塑造。这恰恰就是道德感动的功能。也就是说,从小到大,我们的道德人格和品德,正是在日常生活中的一次次感动和不断感动中,不断培育和生长起来。从这里,我们也许就可以在哲学上突破西方伦理情感主义的局限和困境,或者至少看到,沿着这条道路,有突破这一困境的希望。①

具体说来,我们知道,伴随着道德感动而来的道德判断具有两重判断的功能。第一个判断是判定这个行为的好坏,而第二个判断则是判定这个行为背后所见证的品质、品格的道德性质。按照情感主义的思路,我们很可能被一个虚伪的行为所欺骗而感动。但按照德性伦理的观点,即使我们被一个虚假的道德行为所欺骗了,但这个虚伪行为所关联、见证的德性一般说来却极可能是货真价实的。这也就是说,虽然这是一种虚伪、虚假的联系,但这个德性本身却是真实不虚的,我们之所以感动是因为这个德性以及我们对这个德性所体现的道德价值的认可,而不是其他。其他可能有错,即我们在实际经验生活中,经常可能由于各种原因,认错或弄错究竟是谁拥有这个德性,这个行为是否真正体现这一德性,等等,但在绝大多数的情况下,这一德性之为德性本身却不会有错。而这一点,恰恰是我们的道德情感和道德感动所告诉我们的。在

---

① 在当代哲学中,关于休谟式情感主义伦理学基本立场的经典表述,参见 A. J. Ayer, *Language, Truth and Logic*, New York: Dover Pub., 1952, Ch. VI, pp. 102—112。关于对这一哲学立场的有力批评,参见 Alasdair MacIntyre, *After Virtue—A Study in Moral Theory*, second edition, Indiana: University of Notre Dame Press, 1984, pp. 1—35。

| 第一章 感 动 |

日常生活中,人们为某个行为感动,例如关公刮骨疗毒:关羽面对刮骨剧痛,坦然镇定,谈笑风生,这一行为使我们闻之感动。休谟式的情感主义者可能会说,的确我们有很多人会感动,但我们的感动只能是我们的主观赞成或赞赏而已,不能构成普遍的道德律,即要求所有的人在相同情形下都照行。而且,我们还可能出错,可能被关羽所骗。这也就是说,关公很可能实际上是个骗子或魔术师,当时使用了某种技法,蒙骗周围的士兵乃至后人并使之感动而已。① 但我们倘若更深一步分析,就会发现,这里的感动,如前所述,实际上牵涉有两重判断。感动的第一层判断是:关公的行为让我们感动。按照休谟式的情感主义的说法,这的确是个个别的主观判断,也可能有误解或被误导。但伴随着感动的第二层"判断"则是:虽然关公刮骨疗毒的行为是让我们感动的直接原因,但这一"感动"的真正理由或根据却在于:关公刮骨疗毒这一行为所以让我"感动",乃是因为"勇敢""镇定"这些道德德性借此向世人明证或展现出来。如同我在前面所述,我的第一层感动完全可能有误,但这种知识论或认知层面上的可能有误,丝毫不会影响"勇敢""镇定"之为感动我们的道德德性这一特质。这也就是说,真正"感动"我们的不是关公刮骨疗毒这一偶然的个别事实或事件,而是在其中明证或者见证的道德德性。在这里,关公刮骨疗毒的事实可能有误、有诈,但"勇敢""镇定"之为道德德性,通过作为人的"我们"或"你们"的"感动",确凿无疑。

对道德感动之本质的这一把握,在我看来,恰恰正是儒家伦理的基本特色。我在前面提到,宋代大儒程颢在解释孔子的仁时,曾

---

① 《三国演义》的故事中更恰当的例子也许是"赵子龙浴血救幼主,刘玄德摔子得将心"。

经提及了一个后人称之为"麻木不仁"的譬喻作为道德概念。麻木就是身体对四肢没有感觉了,这样就把仁理解为一种心灵、心体的感觉、情感。孟子的"四端"说则更突出地反映了将人的道德情感作为道德的发端起源。在儒家看来,我们不是生而为人的,我们是成长为人的,道德修养使人成为人,使人和禽兽区分开来。所以说道德行为是从道德感动开始的。这样就回答了"伦理道德是如何可能"这一哲学伦理学的根本问题。作为情感本位的德性伦理,儒家坚持,道德不在于外在的强加义务、命令或律则般的普遍性规范,而是起于和源自于原初生活中人心的感受和感动。这也就是为什么我在前面说,让我们感动的不是"规条"、概念、律令,而是"品性"或"德性"。正是在这个意义上,我会说,各种律令形式的规范伦理或底线伦理都难以成功。问题的关键也许在于,这些伦理学都过于强调了规条、规范的束缚作用、防范作用、底线作用,而忽略了伦理道德之人心教化、范导和感动的本性及特质。而这些,恰恰就是道德感动的哲学分析要给我们揭示的东西。

第二章　恕　道

第 1 节　道德金律的"黄金"地位

无论在古典西方的基督教伦理学还是在传统东方的儒家伦理学中，将心比心、推己及人一直被视为规范人们道德行为的第一准则。① 在西方，这一准则又被称为道德金律。然而，在过去的两百年间西方主流伦理学的讨论中，这一金律似乎逐渐失去了它往日的辉煌与尊贵的地位，它屡遭冷落，不再被视为伦理学的第一律令。例如，在著名的《道德形而上学之奠基》一书中，德国哲学家康德反对将道德金律与他的普遍绝对道德律相提并论。在康德看来，传统的道德金律不可能也不应当作为人们道德伦理行为的基石。相反，道德金律只能按照普遍绝对道德律的精神进行修正与限制，它只有在接受了普遍绝对道德律的检验之后方可作为一有

---

① 应当指出，有关道德金律的思想不仅仅出现在西方基督教与东亚儒家的道德哲学中，它还以各种不同的形式分别出现在诸如犹太教、印度教、佛教、伊斯兰教等其他宗教文化中。有关道德金律在不同文化传统中的表现的讨论，参见罗斯特（H. T. D. Rost）*The Golden Rule*：*An Universal Ethic*，Oxford：George Ronald，1986；和布鲁斯·阿尔顿（Bruce Alton）的博士论文 *An Examination of Golden Rule*，Ann Arbor：University Microfilms，1966，尤其是第一章。杰弗瑞·瓦特利斯（Jeffery Wattles）的 *The Golden Rule*（Oxford University Press，1996）也对西方历史上有关道德金律的探讨作了颇为详尽与系统的介绍。

效的道德准则发挥作用。① 英国哲学家,西方近代主流伦理学的另一重要代表密尔(John Stuart Mill)尽管没有直接摒弃道德金律作为伦理学的第一律令,但也毫不犹豫地认定基督教道德金律应当被功利主义的最大多数的最大幸福原则取代。②

为什么道德金律在近代伦理学中丧失了它原先的黄金地位?在我看来,西方基督教道德金律内部,实质上隐含着两条相互矛盾与冲突的原则,即普遍公正原则与人际间关爱原则。这两条原则曾在基督教伦理学中借助于超越性上帝的绝对之爱的观念达成一种和谐与平衡。但是,随着近代上帝绝对神的权威的被削弱与被怀疑,道德金律中原本存在着的两条原则间的冲突也就拱显出来,并愈演愈烈,最终导致上述两原则间的失衡。作为这一失衡的结果,人际间关爱的原则在近代伦理学的思考中被边缘化,而绝对性的普遍公正原则在道德伦理评判中占据了统治地位。所以,所谓道德金律黄金地位的丧失不过是这一冲突及其结局的表现之一而已。此外,绝对性的普遍公正原则在现代伦理学中占据统治与优先地位,并不意味着现代伦理从此找到了坚实的、不可怀疑的根基。这仅是在现代社会生活中由于传统的上帝或神的唯一性、绝对性地位遭到挑战、动摇与削弱之后,现代人试图取代上帝的绝对地位,再造绝对神时产生的一种幻象。从对基督教道德金律现代命运的讨论反观由孔子首先倡导的恕忠之道③,我们可以看出中西方对伦理学基础的思考路向上的根本不同:与基督教道德金律的

---

① Immanuel Kant, *Grounding for the Metaphysics of Moral*, trans. by James W. Ellington, Indianapolis: Hackett, 1981, p. 37, n. 23.

② John Stuart Mill, *Utilitarianism*, ed. by George Sher, Indianapolis: Hackett, 1981, p. 18.

③ 儒家的传统表述应为"忠恕之道"。本文采用"恕忠之道"一语,意在表达孔子对道德金律思想中的"恕道"优先原则,详细讨论请见下文。

| 第二章　恕　道 |

神谕本质相违,孔子的恕忠之道从一开始就是人间之道。它没有,也不需要一个超越的绝对性上帝作为保证。因此,儒家的恕忠之道所倡导的公正就只能是相对的和具体的,而不可能是绝对的和普遍的。这种相对的和具体的公正观念,非但不像在传统西方的道德金律中与人际间关爱原则冲突。反之,前者植根于后者之上,这也就是孔子所言"吾道一以贯之"的真意。所以我认为,正如基督教的道德金律揭示出西方绝对律令型、规范性伦理学的本质,孔子的恕忠之道作为人间之道则彰显出儒家教化型、示范性伦理学的本色。

第2节　基督教道德金律的现代命运

众所周知,在西方,基督教道德金律的正面表述是:你若愿意别人对你这样做,你就应当对别人做同样的事情。其负面表述为:你若不愿意别人对你这样做,你就不应当对别人做同样的事情。① 显而易见,这两种表述的基本精神就在于,我对别人对我行为的所欲所求,应当成为我在社会生活中对他人行为的道德规准。

现在的问题是,我对别人对我行为的所欲所求,真的应当成为我在社会生活中对他人行为的道德规准吗？在近代西方有关此问题的讨论中,我们看到,这样理解的道德金律至少有两个问题。② 第一,我对别人对我行为的所欲所求与在同一情况下某一他人想要得到的对待并不总是相同的。例如,在我饱受疾病折磨,生命垂

---

① 这一道德金律的流行表述可以溯源到《圣经》,参见《马太福音》7:12;《路加福音》6:31。

② 关于这两个问题详细讨论,参见 Alan Gewirth, "The Golden Rule Rationalized", in *MidWest Studies in Philosophy*, 3(1978), pp.133—147.

危之际,我希望我的医生帮助我实现安乐死的要求,以期我能尽量少痛苦的和有尊严的离开这个世界。但是,假如我是一个医生,尽管我自己有希求安乐死的愿望和欲求,但我能假设我所有的病人都有同一愿望,所以我应当帮助他们实现安乐死吗?答案显然是否定的。即使我能论证安乐死的道德合理性,这一论证也不应当建立在我个人的所欲所求之上。道德金律的第二个问题在于,即使在我对别人对我行为的所欲所求,与某一他人想要得到的对待是相同的情形下,遵循这一原则行事也不能保证永远是道德的。例如,假设我是一腐败的官员,我通过贿赂我的上司谋得提升,再假设我的下属与我是一路货,他也贿赂我,而且我们都认为贿赂与受贿是天经地义,道德上无可指摘。他贿赂,我受贿,周瑜打黄盖,一个愿打一个愿挨。但我们知道,这种贿赂受贿双方的一致同意或共同欲求并不能改变贿赂受贿行为的不道德性。显然,道德金律作为传统伦理学的第一律,不能允许其内部存在这样的问题。

  现在有两条途径似乎可以帮助解决上述问题。第一,我们承认道德金律的表述本身不严格,有缺陷,需要对之加以修正。第二,道德金律本身无问题。问题出在我们对道德金律的理解。近代许多哲学家取第一条道路。在他们看来,各人具有不同的生活环境,历史背景与个人爱好,这些都会给人们带来个人的偏见,阻止我们从某种超越个人的公正立场来想问题、做事情。但是,道德金律的本意并不是想让我们从自我出发来决定我们对他人的行为。恰恰相反,其本意是想让我们进入他人的角色,从而超越自我的偏见。从这一考虑出发,倘若所有的人都超越自我的偏见,将自己在想象中置身于他人并扩而广之,我们最终就能达至一普遍与超越的基地,在这一基地上我们建立起对一切人具有绝对规范性与普遍有效性的伦理准则。因此,道德金律的真精神不在于它立

第二章　恕　道

足于个体或主体的主观性,而在于它力求超出这一主观性,达到一种道德评判上的客观性,不偏不倚与普遍性。这样看来,道德金律所隐含问题的要害不在于它主张道德评判上的偏颇与主观性,而在于它所主张的规范性与有效性还不够绝对与普遍,以至于在许多情况下使得偏颇与主观性从后门溜进了道德审判的殿堂。

例如,著名的19世纪英国哲学家亨利·舍季威克(Henry Sidgwick)正是以上述方式批评道德金律的。舍季威克首先指出,"道德金律的表述方式显然不甚严格"。但是,道德金律所言的真理,"倘若能得到严格地表述,则会得到彰显"。那么,什么是舍季威克见到的道德金律中的真理呢?舍季威克说,"当我们中的任何人在评判某一行为对自身而言为正确的时候,他同时隐含着断定这一行为对所有相似的人在相似的情形下都是正确的"。① 根据这一对道德金律的理解,舍季威克修正了道德金律并企图给道德金律一个更为严格的表述。舍季威克指出,经过修正的道德金律的严格表述应当为:"对于任意两个不同的个体,甲与乙,倘若他们之间情形的不同并不足以构成不同的道德考量的基础,那么,倘若甲对乙的行为不能反过来同时使得乙对甲的同样行为为真的话,这一行为就不能被称之为在道德上正确的行为。"②

舍季威克对道德金律的这一修正可以说是得失参半。就得的方面说,这一修正保留并突出了道德金律作为无偏颇性的、普通性的道德基本原则的真精神。但就其失的方面而言,这一所谓对道德金律"真精神"的严格表述是以其丧失它在伦理道德评判中的"黄金"或基础地位为代价的,因为这一表述充其量不过是康德道

---

① Henry Sidgwick, *The Method of Ethics*, fourth edition, London: Macmillan, 1890, p. 380.
② Ibid.

德哲学的绝对普通律令的另一变种罢了。

当代美国哲学家马尔寇斯·辛格(Marcus Singer)在这一点上似乎看得比舍季威克更明白。他在关于道德金律的一篇文章中区分了道德原理与道德规则这样两个概念。道德规则在特定的行为中给予人们具体的道德方面的指导,而道德原理则是作为规则的"规则"来起作用,即它并不告知我们在具体的道德行为中哪些是该做的,哪些是不该做的。它仅仅评判哪些规则应该作为道德规范在我们的日常行为中起作用,哪些则不该。按照这一区分,在辛格看来,道德金律应当作为道德原理而非道德规则来起作用。作为道德原理,道德金律所弘扬的是一种精神,这种精神要求"人们在处理与他人的关系时,遵循他们乐于加诸自身之上的同种规则与标准"。① 这也就是说,道德金律强调的仍是一种形式性的要求,而非实质性的规定。这种形式性的要求隐含着一种普遍性。它不指导具体行为,只评判行为中的规则是否恰当。辛格把他的这种解释称为对道德金律的"一般性解释"。相对于对道德金律的"具体性解释",辛格的这种"一般性解释",乍一看来,似乎可以帮助我们避免道德评判的主观任意性,因为现在我们所进行的道德评判所根据的不再是个体主观的好恶和癖性。例如,我不应根据我具有自虐的癖好去论证我虐待他人的正当性。这一道德评判立基于带有客观性、普遍性的原则之上。但是,更深一步的思考告诉我们,这种"一般的解释"并非问题的解决,而是问题解决的"推延",因为我们可以进一步发问,从有限个体出发的道德金律如何确保具体道德规则的客观性与普遍性?是否在道德金律之外,我们还应当再加上什么或立基于什么之上才能达至这种客观性与普遍性

---

① Marcus Singer, "Golden Ruler", *Philosophy*, 38(1963), p.301.

呢？倘若如此，姑且不论这种客观性与普遍性是否能够真正达到，我们还能有足够的自信坚称道德金律为伦理学中的"黄金律"吗？

第3节 "主体观点"和"他人观点"

如此看来，道德金律所以在近现代西方伦理理论与践行中的"黄金"地位遭到质疑和挑战，其原因主要在于它的起始点的主体性和特殊性特色。中国社会科学院哲学研究所的赵汀阳教授在探讨这个问题时，将之称为道德金律的"主体观点"。赵汀阳在他的一篇名为"我们与你们"的论文中，对传统道德金律理解中的"主体观点"提出质疑。赵汀阳认为，道德金律中的"主体观点"的核心在于以我（我们）为中心，作为"眼睛"，作为决定者，试图以我为准，按照我的知识话语、规则把"与我异者"组织为、理解为、归化为"与我同者"。赵汀阳还引用法国哲学家列维纳斯（Levinaz）的从"他人观点"出发的伦理学来批评道德金律中的"主体观点"。按照赵汀阳的想法，只有经过"他人观点"的改造，道德金律才能真正成为"金律"，即作为"任何共同伦理的'元规则'"发挥作用。因此，赵汀阳建议将道德金律的儒家表述由"己所不欲，勿施于人"改为"人所不欲，勿施于人"。赵汀阳说，

> ［这一改变］虽然只是一字之差，但其中境界却天上地下。在"由己及人"的模式中，可能眼界只有一个，即"我"的眼界，而"由人至人"的模式则包含有所有的可能眼界，……①

基于这一改变，赵得出自己的关于选择任何共同伦理的"元规则"或"金律"，并将之表述为：

---

① 赵汀阳："我们和你们"，载于《哲学研究》，(2000)1。

（1）以你同意的方式对待你，当且仅当，你以我同意的方式对待我；

（2）任何一种文化都有建立自己文化目标，生活目的和价值系统的权利，即建立自己关于优越性的概念的权利，并且，如果文化间存在分歧，以（1）为准。①

赵汀阳的以"他人观点"建构起来的道德金律固然可能帮助我们克服"主体观点"，但这种以"他人观点"为准的道德金律是否能胜任作为具有普遍性的伦理学的"元规则"或者"金律"呢？我想我们恐怕不能得出这一结论。为什么呢？以我在前面举过的愿打愿挨的官员贿赂故事为例，显而易见，"贿赂"就是"贿赂"，其本身就是恶的，无论是出于"主体观点"还是"他人观点"，都绝不能改变"贿赂"的不道德性。这也就是说，即使我对某一他人对我行为的所欲所求与此人想要得到的对待是相同的，遵循这一原则行事也不能保证永远是道德的。

有人可能会反驳说这里的"他人"不是指某一个具体的"他人"，而是指所有的"他人"，或者说任何一个"他人"。但是，一旦将作为普世伦理基石之一的道德金律做如此理解，即将"他人"理解为"所有的他人"或者"绝对的他人"，我们是否又会陷入一"自我""他人"的形而上学陷阱？倘若我们的伦理实践注定要从自我的观点出发，如何才能达到"所有的他人"或者"绝对的他人"的观点？抑或只有"上帝"才能真正有"他人"的观点？这种包含"所有人的观点"的"上帝之眼"既然是"非任何人的观点"，那在其本质上岂不是一种与道德金律或恕道之为人道精神相悖的"非人的观点"？

---

① 赵汀阳："我们和你们"，载于《哲学研究》，(2000)1。

第4节　道德金律的"真精神"

道德金律在现代伦理学中凋落的命运无法逆转了吗？是否还有其他的途径来"拯救"道德金律？是否上述许多现代哲学家对道德金律的理解从根本上就错解了道德金律的真精神？这也就是说,道德金律的表述也许并不存在不严密或不严格的问题,问题出于我们现代人对道德金律真精神的误解。德国学者赫斯特(E. W. Hirst)在他的一篇不长但富于洞见的有关道德金律的文章"论范畴律令与道德金律"中作如是说。① 赫斯特认为,尽管现代哲学中对道德金律的批评提出了对传统表述的种种修改,但这些批评与修改都有着一个共同点,即都认为道德金律所代表的道德哲学的"真精神"在于谋求一种"超越个体人格"的"无偏颇"的中性、客观的伦理评判出发点。这一出发点,用当今著名的美国道德、政治哲学家托马斯·奈格(Thomas Nager)的话说就是"无角度的视角"(the view from nowhere)。② 但在赫斯特看来,这种"无角度的视角"恰恰是对道德金律的一种片面性的理解。这一理解忽视了道德金律中的另一要素,即道德金律作为"人际间行为准则"的重要性。道德金律所处理的是活生生的、生活中的人和人之间的关系,而非一个个经过抽象净化的伦理单位之间的关系。所以,任何经由将具体人格、具体生活情境抽象化的途径来达到普遍化、客观化的改写道德金律的尝试都只能是走入歧途。基于这一对道德金律的理解,赫斯特得

---

① See E. W. Hirst, "The Categorical Imperative and the Golden", *Philosophy*, 9(1934), pp. 328—335.
② Thomas Nagel, *The View from Nowhere*, New York: Oxford University Press, 1978.

出结论,"道德金律与人相关,所涉及的乃是共同体的观念"。①

我认为赫斯特对道德金律真精神的讨论至少有两个要点值得注意。第一,赫斯特指出,道德金律将人类伦理道德关系的本质定位为"人际间的"(inter-personal)而非"超人间的"(extra-personal)的关系。这样一种关系,用马丁·布伯(Martin Buber)的话说就是一种"我与你"的关系。这是一种具体的、活生生的人世间关系。正是这一立足点,将道德金律与现代伦理哲学中的其他主要律令,诸如康德学派的"道德普遍律令",功利主义学派的"最大多数的最大幸福原则",契约论学派的"均等原则"区别开来。第二,赫斯特并不简单地否弃伦理学中的普遍性、无偏颇的公正性概念。他的目的在于在道德金律的精神下对之进行重新解释。在赫斯特看来,道德金律所强调的无偏颇性并非建立在作为抽象的人或抽象的道德行为主体之上。道德金律孕育并滋养着实实在在的人与人之间的"关爱着的无偏颇性"(impartiality of regard)。正因为如此,赫斯特有意识地选用"共体"(unity),而非"普遍性"(universality)来表述道德金律中"普遍的无偏颇性"的思想。

依照赫斯特的解释,我们现在能够更好地把握道德金律的真精神,这也有助于我们理解道德金律在近代伦理学中凋落的原因。显然,人际间的关爱与普遍的、无偏颇的公正性是道德金律内部的两项基本原则或要素。这两种要素之间是否以及如何保持统一与和谐呢?这个问题被赫斯特称为道德金律的自身的"和谐一致性"问题。一方面,人际间的关爱依据的是个体性原则,另一方面,道德评判的无偏颇公正性依据普遍性原则。道德金律在现代的命运,正是由于这样两种内在的、互不兼容的原则矛盾冲突的结果。因此,问题的实质在于,如何在伦理道德评判中从个体的独特性走

---

① E. W. Hirst, "The Categorical Imperative and the Golden", p. 332.

第二章 恕 道

向绝对的普遍性,以及如何使得那超越个体、无偏颇的普遍性同时又在独特的个体性中显现出来?赫斯特所建议的目标是人类的生活"和谐一致性"。这种和谐一致性不是少数人之间的,而是作为人性整体的和谐一致性,这一整体展示并激发每个人在其独特意义上的参与。但是,这种作为人性整体的和谐一致性又是如何达到的呢?赫斯特认为这种和谐一致性仅仅在人的世界中是难以达成的。于是,赫斯特引导我们走向上帝的神圣之爱。他说,

> 道德金律,无论就其在基督教的框架里,还是在犹太教的传统中,均将对自我和对邻人的爱与对上帝的至爱联接在一起。在这里,行为与天祷结合。至于说到和谐一致性,我们人与人之间的和谐一致性借助于我们与作为神圣意识、作为理智、作为人格与爱的大全的和谐一致性而达到。①

显然,赫斯特对有关道德金律内在矛盾冲突的解决,建立在他对上帝以及上帝的神圣之爱的信仰基础之上。人际间的无偏颇的关爱与和谐一致只有借助于天国的和谐一致与神威方可到达。但是,这种借助于、植基于上帝与天国之爱的人间之爱在现实生活中又是如何可能与如何发生的呢?

在这里,我们面临如下的问题:第一,并非每个人都是基督徒,都信奉上帝的神圣与普遍之爱的神力,从而不仅爱他的家人,而且无偏颇地去爱他的邻人,甚至敌人。因此,一旦去除宗教的神圣光环,在理论上,赫斯特所建议的道路难以避免以下两重疑难。一方面,就本质而言,倘若没有全善的神性保障,我何以能确定我对他人的"关爱"的欲念和行为,永远是"善"的欲念和行为而非可能是"恶"的欲念和行为?另一方面,就范围而言,倘若没有全能之上帝的神性保障,我

---

① E. W. Hirst, "The Categorical Imperative and the Golden", pp. 333—334.

何以能确保我对某个他人的善的欲念与行为也可以同时对一切人,在一切范围内的一切可能的环境下均为善的?赫斯持的解释所隐含的第二个问题不在理论层面上,而在实践层面上。这也就是说,即使我们假定道德金律的所有施行者都是基督徒,都在理念上信奉我对他人的关爱必须经由上帝和耶稣基督之爱的中介,我们也很难在实践层面上防止道德金律由于过分强调神性而流于形式和陷于虚伪,从而不可能在现代社会生活中作为真正的道德律起到实际的效应。黑暗的中世纪欧洲教会史,应当为我们在这方面提供足够的教训与借鉴。这一历史告诉我们,一旦有限的、世俗的人类试图拔高自己,扮演无限与超越的上帝角色,接踵而来的大概更多的可能是伪善与罪恶。

上述讨论引导我们得出以下的结论,即在对道德金律的基督教解释和这一解释的诸现代修正之间并无根本性的区别。这两种类型的解释似乎都是通过拔高金律内"神性"的或"普遍性"的因素,即抑或以上帝纯粹的普遍性的、神圣的爱的形式,抑或以超越个体的普遍的、无偏颇性的正义原则的形式来理解道德金律的真意。而与此相应,道德金律内的另一要素,即人际间的关爱,则由于其具有世间的、个体独特性与偏颇性的特征,遭到边缘化。这样,它被贬斥出现代伦理学讨论的主流也就不足为怪了。

第5节 忠恕之道①还是恕忠之道?

我们知道,在中国哲学思想传统中,与西方伦理思想中道德金律所表达的观念相近的,是由孔子首先阐发的儒家恕忠之道。鉴于恕忠之道与道德金律在中西各自哲学思想中的重要地位,对两

---

① 关于儒家"恕忠之道"的说法,参见前文第48页注释③以及后面的讨论。

第二章 恕 道

者以及由这两者所代表的伦理思路之间细致和深入的比较,无疑将有助我们加深对中西方伦理理念本质异同的理解。这一比较也对我们在当代对传统道德伦理基础的批判性考察与重构具有重要的意义。

道德金律在西方的理解中具有双重因素,即无偏无依的普遍性与人际间的关爱。与此相当,孔子的恕忠之道也由"忠"和"恕"这两个在中国伦理思想传统中极为重要而又相互贯通的观念构成。"忠"这个概念在英文中常常被译为"loyalty",意为"忠实""忠诚"。在汉语的日常用法中,这一概念作为一重要的道德品性,它的意义应该可以这样来解释和理解,即用以规定个体与其在之中的,作为整体的社会、文化、历史社群共同体之间的信任与责任关系。根据儒家的理想描述,这一社群共同体不应被理解为社会中本不相干的原子式个人的共在群集。我们日常就生活在其中并且是其不可分割的一分子。它是我们由之出发来界定自身的有机性和历史性的关联整体。基于这一解释,儒家"忠"的概念应该具有两个方面的重要内涵。其一,尽管"忠"时常以忠于某个个人或忠于某种职守的形式表现出来,例如古时人们常说"忠君报国",但这里"忠君"仅只是形式,其实质在于始终认同我们生于斯、长于斯,而在古代常由君王来代表的政治、文化、生活共同体——国家。正因如此,绝对的、无条件的"忠",即"愚忠",在儒家思想占主导的中国文化中,并非全具褒义。在更多的情况下,这种"愚忠"只是迂腐的象征罢了。① 其二,忠作为个体对其在之中的生命、生活共同体的认同不是一种外在的强加,而是社群中诸个体基于共通文化、历

---

① 参见《论语·学而》第4章,《论语·为政》第20章,《论语·公冶长》第19、28章等。

史而出自内心的要求。所以,基于诸个体内心欲求之上形成的"中心"就构成了任一自然社群共同体得以存在和发展的价值基础。忠正是这种使得每个具体的个体之心与"中心"相会相通的德性表达以及使得每个具体个体之心对社群共同体"中心"达到认同的德性要求。① 忠的这层含义似可通过在古汉语中"忠"字由"中"和"心"两字组合而成表现出来。②

倘若说孔子恕忠之道中的"忠"表现出社群共同体中个体通过"尽心"而与社群整体之间发生"向心"的关系,"恕"这一概念则是孔子用来表明应当如何处理社群中个体与个体之间的"关心"关系。这说的是,恕就其本质而言,倡导的是我与你之间在我们的社群共同体中的相互关心与爱护的关系。正是这种相互关爱,使得我们的社群共同体成为可能。恕就其实现途径而言,体现在孔子

---

① 在西方学者中,应当说是 Herbert Fingarette(芬格莱特)首先观察到,并详细地讨论了"忠"的这一重要社群德性的性质。参见 Herbert Fingarette, "Following the 'One Thread' of the *Analects*", *Journal of American Academy of Religion*, 47/S (September 1980)(Thematic Issue S), pp. 373—405. 倪德卫(David Nivison)在其"Golden Rule Arguments in Chinese Moral Philosophy"(in *The Ways of Confucianism: Investigation in Chinese Philosophy*, ed. by Bryan W. Van Norden, Chicago: Open Court, 1996, pp. 59—76)一文中,也讨论了"忠"的这一社群德性的特质。

② 以宋明理学为代表的传统儒家对"忠"的解释强调其个人心理特质而非公众社群特质,强调"尽己之为忠",试图用立足于个人本己的"心中"来代替社群本位的"中心"作为"忠"的词源学解释。这种解释的优点在于可以将人类社群生活的道德伦理准则首先规定为天理,并将这一天理与个体内在的与神秘的人心体验契合起来,以保证宋儒所倡导的经由尽心、知性、事天的内在超越道路。但这一传统解释的缺陷至少有三点:第一,这一对"忠"的个人心理解释很难在《论语》中找到很强的文本上的支持。第二,这种以个体心理之心与至上天道合一的内在超越道路往往导致儒学难以避免陷入以禅学、心学为代表的佛教唯心主义与神秘主义。第三,这一解释混淆了孔子"忠"与"恕"的界限,从而使得"恕"在孔子伦理思想中的中心地位为"忠"所取代,导致宋儒走向界定"忠""恕"关系为"天理/人情""本/末""体/用"的歧途。

第二章 恕 道

提倡的"能近取譬",将心比心之中。基于这一理解,恕的概念在孔子那里,其正面的表述为:"己欲立而立人,己欲达而达人"①,其负面的表达则是:"己所不欲,勿施于人"②。

十分明显,西方基督教与东方儒家在对道德金律的理解方面,有许多共通之处,关于这一点,不少学者有专文论述。③ 但是,关于这两种理解之间的差异与区别,却鲜少有人谈及。在这里,我想讨论两个方面的重要区别。

首先,与传统的解释认孔子之道为"忠恕之道",从而强调"忠"的天道、天理性质不同,我以为孔子之道是建立在"恕道"理论的基础之上,隐含着恕道优先的原则。这一恕道优先的原则充分展露出孔子之道从一开始乃人间之道的特色。这一特色与基督教道德金律的神道优先的特色形成鲜明的对照。基于这一理解,传统儒家的"忠恕之道"理应重新命名为"恕忠之道"。④ 我做如此建议的原因在于,"忠"作为定位个人与群体关系的德性,理应在"恕",即共同体和群体内个人与个人之间的关爱关系的基础上方能成立和有效。这也就是说,在儒家最初的伦理思考中,隐含有这样的一个

---

① 参见《论语·雍也》第 30 章。
② 参见《论语·颜渊》第 2 章,《论语·卫灵公》第 24 章。
③ 芬格莱特在"Following the 'One Thread' of the *Analects*"一文中列举了基督教伦理学和孔子对道德金律理解的至少四种显著的相似之处。参见 Herbert Fingarette, "Following the 'one Thread' of the *Analects*" p. 375。
④ 儒家"忠恕之道"说法的传统起于曾参的解释。参见《论语·里仁》。本文为,"子曰:'参乎!吾道一以贯之'。曾子曰:'唯。'子出。门人问曰:'何谓也?'曾子曰:'夫子之道,忠恕而已矣'"。曾子的这一解释至少在两处伸延了老师的本意。第一,夫子之道包含有"忠"与"恕"两重成份。第二,"忠"与"恕"之间,"忠"为主,"恕"为"次"。这就开了后来儒家解释忠恕关系为"天人""本末""体用"关系的先河。这里,我并不想质疑曾子的解释可能是儒学史上对夫子之道最早的,也是最重要的解释。但问题在于,是否可能有不同于曾子的,而且也有意义的其他解释存在?笔者在这里的解释不妨可视为一种尝试。

观念,即在相互关爱的基础上建立起来的社群共同体乃是"忠"得以真正施行和实现的前提条件。孔子在《论语》中就多次提到这一"恕道优先"的思想。例如,在《论语·卫灵公》中,"子贡问曰:'有一言可以终身行之者乎?'子曰:'其恕乎!己所不欲,勿施于人'"。① 在《论语·雍也》中,孔子将"恕"的思想表述为"能近取譬",并称誉其为"仁之方也"。② 有意思的地方在于,在《论语》这两处极重要的孔子谈论道德金律的地方,竟然都没有提及"忠"字。相反,当孔子在《论语·公冶长》中被问到"忠"与"仁"的关系时,他明确指出,仅仅"忠"尚不能算是仁。③ 假如我们同意"仁"乃孔子思想中的最核心概念,我们就应该承认作为人际间关爱关系之伦理表达的"恕"应当在孔子对道德金律的理解中占据主导地位。看不清这一点,就会导致我们对孔子道德金律基本精神产生误解,并从而混淆我们对东西方伦理学思路本质区别的认识。

当今美国孔子研究的著名学者赫尔伯特·芬格莱特(Herbert Fingarette)教授在探讨孔子道德金律中"忠"与"恕"的关系时,就对孔子思想中这一恕道优先原则缺乏一种清晰与一贯的认识。在其讨论孔子"忠"与"恕"之间关系的重要论文"沿循论语的一贯之道"中,芬格莱特一方面正确地指出"恕"在孔子之道中占据着一种中心地位;但另一方面,他又断言,"恕"在孔子的道德金律中不可能扮演一种实质性的角色,因为它不可能作为一种伦理道德原则为我们的道德行为提供实质性的指导。它只是通过要求我们在想象

---

① 《论语·卫灵公》。
② 《论语·雍也》:子贡曰:"如有博施于民而能济众,何如?可谓仁乎?"子曰:"何事于仁,必也圣乎!尧舜其犹病诸!夫仁者,己欲立而立人,己欲达而达人。能近取譬,可谓仁之方也已。"
③ 《论语·公冶长》第19章;还可参见《论语·为政》第20章,等等。

第二章　恕　道

中把自身置入他人之境,从而起着一种纯粹方法论上的作用。① 与"恕"相较,芬格莱特认为"忠"倒是在孔子道德金律中扮演一种更为实质性的角色,这种实质性乃是由于"忠"的"超越性功能"所决定,因为"忠"要求"超越……偶然性的与纯粹个人性的欲望、品味、志趣、感受与倾向"。由于"忠"的这种超越偶然性与个体性的性质,按照芬格莱特的说法,"恕"就更应被理解为是一种"辅助性的原则"。这一原则强调个别性与个体性。说它是"辅助性的",其意义就在于"(恕)可以消融死板、暴政与诡辩。因为它涉及的是作为主体,作为生活经验的活生生的人"。② 基于这一理解,芬格莱特得出结论,"'忠信'使得人类社群生活成为可能,而'恕'则使得这一社群更加人道化。这里我们似乎可以模仿康德,缺乏恕道的忠信在伦理上是空洞的,缺乏忠信的恕道在伦理上则是盲目的"。③

芬格莱特正确地观察到在《论语》中,"忠"这一概念常常与"信"的概念并用。在芬格莱特看来,通过"礼"表达出来的"忠""信",其存在与施行"使得人类社群生活成为可能"。芬格莱特还正确地指出,正是这种通过"礼"表达出来的,作为人类社群生活德性要求与象征的"忠"在以孔子为代表的原初儒家思想中,成为夫子"一贯之道"的两个重要组成部分之一。然而,芬格莱特在强调"忠"作为"礼"的德性要求在组构、规范人类社群生活重要性的同时,却忽视了孔子关于"忠""信""孝""悌"这些礼的德性要求,应当建立在作为当下直接的人际间关爱的表现的"恕道"基础上的思想。这也就是说,"恕"不应当被认为仅仅具有"辅助性的"和"方法

---

① Herbert Fingarette, "Following the 'One Thread' of the *Analects*", p. 387.
② Ibid., p. 388.
③ Ibid., p. 391.

论"上的意义,或者被认为在人类社群生活中仅仅起着一种次一级的调节与缓和的功能。这种第次级的功能,正如宋儒对"忠""恕"关系的定位,标明"忠"与"恕"的关系乃是"天理"与"人情""体"和"用"的关系。在我看来,在原初孔子的思想中,这种关系似乎恰恰应当颠倒过来。"恕"不是简单作为"礼"的德性要求的"忠""信""孝""悌"的辅助与补充。相反,"恕"乃是,并应当被理解为"忠""信""孝""悌"这些人的社群性的德性要求的源头活水。正是这一源头活水,加上由之产生并通过仪礼和礼制表达出来的众多社群德性,才使古代人类的社群生活成为可能。关于这一点,孔子本人看得很清楚。一方面,他十分强调礼在引导、调节人们日常社群生活中的重要作用。另一方面,他也反对将礼视为静止不动、亘古不变的死板规条,繁文缛节。更为重要的是,孔子还多次明确表明礼的晚起性质与礼乐源出于野的道理。例如,在《论语·八佾》中与子夏讨论《诗》时,孔子用"绘事后素"来表明"礼"后起的道理。在《论语·先进》中,孔子认为"先进于礼乐"的"野人"甚至高于"后进于礼乐"的君子,这充分展现出孔子礼源出于野,留存于野的思想。因此,离开了"恕"的源头活水,"忠""信"就只能成为"愚忠"与"盲信"。孔子的这一恕道而非忠道优先的思想,后来成为孟子"民重君轻"命题的重要思想资源。这也应当被视为是孔子、孟子以及其他中国古代思想圣贤所留传给我们后人最重要的哲学文化遗产之一,应当在我们现今重新理解、认识、建构中国文化传统过程中发挥作用。①

---

① 强调"恕"在孔子"恕忠之道"中的领先与关键性作用并不意味着我们应当忽视"忠"和"恕"之间的相互作用关系。相反,这一强调使得我们可能将"忠""信""孝""悌"等社群性德性奠定在更为牢固的生活基础之上。

第二章 恕　道

与上面所论述的恕道优先性质相联系,中西方关于道德金律理解的第二点重要区别在于孔子的恕道概念对"身体性质"的强调。与西方基督教文化认定人间之关爱源出于,并应当隶属上帝的以及对上帝爱的基本假定不同,孔子的恕道所体现的人间关爱却没有假定这一超越的、神圣的源头。恕道所体现的乃是有血有肉、有情有欲、实实在在的人间之爱。这也就是说,恕道所体现的关爱不是通过上天的神灵,而是借助于世间的身体来实现的。正如"忠"在词源上可追溯到"中"与"心",可解读为"众心聚集之中央","恕"则可以从"如"与"心"来解释。倘若我们可以说"忠"的概念更多地强调"公众之心"的原则,那么,"恕"的概念作为"如心"则更多地在说"个体之心"的原则。无论"公众之心",还是"个体之心",忠和恕的立足点都落实到"心"上。我们知道,在中文以及中国古代哲学传统中,"心"的概念首先并不是在西方哲学心理学和认识论的"心灵"(mind)的意义上来使用的。心首先是五脏之一,是人的身体的一部分。而且,在孔子那里,"心"常常与"欲""情",而非像在西方哲学传统中,常常与纯粹意识、理智能力相联用。例如,在《论语·为政》中,孔子在谈到他的学习过程时说:"吾……七十从心所欲,不逾矩。"如果我们把孔子"恕忠之道"与"心"的关联以及"心"与"体""欲""情"的关系结合起来考虑,"恕道"与"己身"或"身体"在孔子思想中的关联就变得比较清楚了。① 点明孔子恕的概念的身体性质有助于我们更深入理解与把捉孔子恕忠之道的人世间本质。换句话说,孔子所理解的建立在"恕"与"忠"基础之上的道德金律,就其本质而言,并不是什么神圣的"天条",而是源

---

① 参见《论语·公冶长》第 12 章;《论语·雍也》第 30 章,《论语·颜渊》第 2 章,《论语·卫灵公》第 15、24 章。

于人、为了人、成于人的人间之道。这与西方基督教传统对道德金律的理解中,将人间的关爱隶属于神圣的上帝普适之爱的出发点截然不同。至于这种植基于神人隶属关系之上的爱,当代西方著名的社会、政治哲学家汉娜·阿伦特(Hannah Arendt)有过一句一针见血的评论:"我从未为了我的邻人的缘故去爱我的邻人。我爱他仅仅是因为这里体现神的恩泽。"①

第6节 "恕道优先"在哲学上的三重优越性

和西方对道德金律的理解比较起来,孔子的"恕忠之道"对道德金律的理解,由于其"恕"作为人际间关爱的优先性与"恕"的身体性特质,在哲学上至少有着三重难以比拟的优越性。

第一重优越性我称为存在论上的优越性。在古代汉语中,"体"这一概念同时具有"整体"与"肢体"的双重含义。这在哲学存在论上就隐含一种有机性的,或者更确切地说②,相互关联着的、在时间、历史中形成的"整体/肢体"关系,而非机械分析性的"普遍/个别"的关系。由于"体"的这种存在论上的内在关联关系,在实行恕忠之道的过程中,我的心和体是同一的,我的心体与周围世界中他人的心体之间就不应有什么无法融通和合的鸿沟。所以古人说"心有灵犀一点通"。在这里,我们不需要假设什么外在于身体,超越出世界的神秘要素或天命来糅合心体。万物本来一体,无须在存在论上先把世界析分,然后再孜孜以求如何方能整合的虚假问

---

① Hannah Arendt, *Love and Saint Augustine*, ed. by Joanna V. Scott and Judith C. Stark, Chicago and London: University of Chicago Press, 1995. p.111.
② 参见后文关于儒家自我观念中"谱系学自我"的解释。

第二章　恕　道

题。① 正是在这一"整体/肢体"的存在论视野下,我的心与他人之心相会相通,理解就成为一种简单的、自然而然的现象。只要人类生存一天,这种借助于身体的沟通与理解就不应当在存在论上成为问题。因此,孔子将我自己的"己"理解为"身-心之体",并将此作为恕忠之道的出发点,显示出孔子对道德金律的理解植基于一种与西方基督教理解不同的存在论基础之上。这一不同的存在论基础,使得孔子的"恕忠之道"得以避免像存在于西方对道德金律的理解中的如何进入"他人心灵"的难题。

孔子的恕忠之道在哲学上的第二重优越性可以被称为认识论上的优越性,这一优越性帮助我们在哲学上避免像西方在对道德金律解释时所遇到的"主观道德论"以及"绝对不偏不倚的公正性"的批评与责难。我的心的"身体性质"不仅在存在论上澄明我的身-心之体与他人的身-心之体之间相互并存、关联的一体性,而且也在认识论上使我充分意识到我自身的有限性质,即由我自己的身体所决定的我的关爱之心的所能、所欲的有限范围。因此,孔子的恕忠之道中的"恕"的概念,说的就是从我的身心感受出发,推己及人。正如美国学者郝大维(David Hall)与安乐哲(Roger Ames)所说,恕不可能,也不应当是"单向的",它势必是有来有往的"双向度的"或"多向度的"。② 这里有二点值得进一步说明。第一,无论我在我的主观愿望一方面是多么想关心和爱护我的亲人、邻居、朋友、同胞,同类,但往往是我的"身体",而非我的意识更能提

---

① 应当指出,这种在存在论上将整个世界万物视为一有机或整体关联的观点并不专属儒家,它可以被称为中国思想史上各主要流派的共同的存在论出发点。这一出发点在先秦时期思想家惠施的著名命题"泛爱万物,天地一体"中充分表达出来。

② David L. Hall and Roger T. Ames, *Thinking Through Confucius*, Albany: State University of New York Press, 1987, pp. 288—289.

醒我作为"自我"的有限性,以及他人作为"他人"的存在之不可替换性。正因为如此,在孔子的"恕"的概念中,从来不应当隐含将我对自身的愿望强加于他人的意思,即便这是一种在我看来是关爱他人的善意。恰恰相反,"恕"更多的是要求我体察他人的共同存在并尊重他人与我之间的差别,这是因为此种体察与尊重乃是"恕"得以实行的基本前提。第二,"恕"作为一种自我身心的对他人关爱的要求,虽然一方面提醒我们有关自身的局限性,但另一方面也为从我的心体达到他人的心体的"延伸"创造了条件。相对于在想象中将自身虚拟地置于他人之境,"恕"强调"设身处地",这是一种真正的"延伸"。在实行"恕道"的过程中,我"超越"我的心体以及我处身其中的具体情境的局限,触及他人。在这里,每一个心体都既为"自我",又为"他人",既是自我的"自我",又为他人的"他人"。按照孔子为代表的儒家所设想的社会理想,倘若一社会群体中的每个身-心之体都承认并遵循恕道,我们就会在这一相互"设身处地"的过程中形成一种充满关怀与开放的"公心"或"公众性",形成"人同此心,心同此理"的局面。当然,这种以开放、关怀为其本质的公众性不可能从植基于绝对权威之上的"一言堂"中导出,它应当是通过双向和多向度的接触、对话、沟通而来的将心比心,以心换心的结果。正是这样形成的公心、忠心与公众性,才是使我们人类社群以及其中的诸个体得以生存、繁荣、发展的基础。

与前二重哲学优越性相应,第三重优越性是方法论上的优越性,正如有的学者已经指出的那样,孔子在谈到实行恕忠之道的过程中强调"取譬"的重要性绝不是偶然的。① 但我这里想进一步强

---

① Herbert Fingarette,"Following the 'One Thread' of the *Analects*", pp. 382—383;David L. Hall and Roger T. Ames, *Thinking Through Confucius*, Albany:State University of New York Press, 1987, pp. 287—290.

第二章 恕　道

调"能近"这个概念在孔子那里的重要性。我们知道在《论语》中，孔子将"能近"与"取譬"联用，并暗示"譬"乃是由"近"而来。什么是孔子所言"能近"的含义？为什么孔子说通过"能近"与"取譬"我们就踏上了通往仁的大道？① 我以为这些问题的答案也应当从孔子"恕忠之道"的"身体"性质方面来寻找。

在我们日常的汉语表达中，我们常常使用诸如"体会""体恤""体察""体谅""体贴""体验"等术语来表示我们身体所具有的"认识论"上的或理解沟通方面的功能。所有这些均可被解释为孔子所言的"譬"的不同形式。这些形式指明在实行孔子"恕忠之道"过程中将心比心，推己及人的种种不同的具体途径，这些途径在哲学方法论上显然与前面所述的西方道德金律过程中，所使用的概念分析与逻辑推理方法不同。这种种途径，植基于作为身体的人心，引导我们走向直接的，面对面的充满人性关爱的自我与他人的关系。因此，"譬"在孔子的方法论层面上首先既不是指逻辑概念的推理，也不是指心理、移情的想象，因为它们都假设一种纯粹心灵的优先性。"譬"首先说的是作为"身体"的"心"与"心"的能近。这种"能近"乃是不同文化、不同种类、不同环境、不同经历的人类个人相互理解、宽容、沟通、和合的前提和基础。这一前提或基础，明显先于哲学的思辨。此外，这种能近，并非一种静态的、关于空间位置的说明，它更是一种动态的、心与心之间的靠近过程。这种动态的靠近过程一方面强调"近"与"譬"并不仅仅是一种心理想象中的或逻辑假设中的虚拟位置互换，而更是在实实在在的生活实际中的相互交谈与交流。另一方面，这种"靠近"的过程永远只是接近而已，它不可能抹杀差异，达到完全的相同性，这也是由于我们

---

① 参见《论语·雍也》第30章。

"心"的身体性质所决定。所以,"近"和"譬"作为孔子所代表的儒家伦理学的方法论,在其本身就隐含着人类社群生活中不可否认和消解的,因而应当得到尊重的"他人性质"。

第三章 示 范

第 1 节 孔汉思与普世伦理的设想

当代世界著名天主教神学家孔汉思(Hans Kuhn)看出了 2500 年前孔子提出的作为儒家伦理之基础的"恕忠之道"在构想未来的全球普世伦理中的核心价值。我们知道,他一直以来所倡导的全球性的普世伦理有两个基本性的原则:第一,每一个人都应当得到人道的待遇;第二,己所不欲,勿施于人。按照孔汉思的话说,这两条基本原则,体现了"所有人类伟大的伦理与宗教传统的共性"。也许有人会对这两条原则是否真正代表了"所有"人类伟大的伦理、宗教传统的共有精神持有某种怀疑。但是,说它们代表了人类"大部分"伟大的伦理、宗教传统所共有的基本精神应当是没有疑问的。例如,在作为现代西方伦理学的基石之一的康德伦理学中,道德范畴命令(categorical imperative)的两个基本表述为:第一,任一我所遵循的行为准则,只有同时能够成为普遍遵循的法则,方可成为道德律令;第二,在任何行为中,必须永远将人当作目的,而非仅仅当作手段来对待。①在西方哲学史上,前者又被称为"普遍律令原理",而后者则被称为"尊重人性原理"。而作为东亚伦理传统主

---

① Immanuel Kant, *Grounding for the Metaphysics of Morals*, trans. by James W. Ellington, third edition, Indianapolis/Cambridge: Hackett Pub. Co. Inc., 1993.

流的儒家伦理学,我们知道,其理论核心围绕"仁"的概念展开。按照孔子及后世儒家对"仁"的解释,我们也可得到两条基本的原理,即"仁者爱人"和"夫子之道,忠恕而已"。① 这两者又称"人道"与"忠恕之道"。这个"忠恕之道"就是我们在此讨论的"恕忠之道"。在这里,我们可以清楚地看出,孔汉思全球伦理的第一条基本原则与康德的"尊重人性"以及孔子的"爱人"原则相呼应,而第二条原则则大致与康德的"普遍律令原则"以及孔子的"恕忠之道",尤其是"恕道"相契合。

孔汉思将孔子的"恕道"列为普世伦理的两个基本原则之一并将之用基督教伦理学中的名称"道德金律"称之,其原因不仅在于"我们在所有伟大的宗教和伦理的传统中,都可以发现这一金律"②,而且,在孔汉思的眼中,在众多的历史上关于"道德金律"的宗教、哲学表述中,孔子的表述最具恰当性和精确性。

让我们首先来看一下什么是孔汉思理解的普世伦理中的道德金律。在其名著《世界伦理新探——为了世界政治和世界经济的世界伦理》中,孔汉思首先列举了世界历史上各主要宗教和文化传统中关于道德金律的种种经典表述③:

——孔子(约公元前551—前479年):"己所不欲,勿施于人"(《论语·颜渊》第12章;《论语·卫灵公》第15章)。

——拉比希勒尔(Rabbi Hillel)(公元前60—公元10年):"你不愿施诸自己的,就不要施诸别人"(《塔木德·安息日》31a)。

---

① 见杨伯峻:《论语译注》,北京:中华书局,1980年。
② 孔汉思(Hans Kuhn):《世界伦理新探——为了世界政治和世界经济的世界伦理》,张庆熊主译,香港:道风书社,第163页。
③ 同上书,第163—164页。

第三章 示 范

——拿撒勒的耶稣:"你们愿意人怎样待你们,你们也要怎样待人。"(《圣经·马太福音》7:12;《圣经·路加福音》6:31)

——伊斯兰教:"人若不为自己的兄弟渴望他为自己而渴望的东西,就不是真正的信徒。"(《穆斯林圣训集》,论信仰,71—72)

——耆那教:"不执于尘世事物而到处漫游,自己想受到怎样的对待,就怎样对待万物。"(《苏特拉克里坦加》1·11·33)

——佛教:"在我为不喜不悦者,在人也如是,我何能以己之不喜不悦加诸他人?"(《相应部》V,353·35—342·2)

——印度教:"人不应该以己所不欲的方式去对待别人:这乃是道德的核心。"(《摩诃婆罗多》XIII,114·8)。

综合上述种种关于道德金律的历史表述,我们大概可以如前所述,将之归纳为积极表述和消极表述两种形式。积极表述为:你若愿意别人怎样待你,你就应当怎样待人。消极表述为:你若不愿意别人这样待你,你就不应当这样待人。两种表述尽管有所不同,但基本精神是一致的,即:我对别人对我行为的所欲所求(不欲不求)应当成为我在社会生活中对他人行为的道德规准。

在谈到包含了"道德金律"在内的未来全球普世伦理的这两个基本原则以及普世伦理时,孔汉思进一步说道:

> 世界各大宗教均有不同的教义,但他们都赞成一种具有基本准则的共同伦理。把各世界性信仰联合起来的东西,远远多于把它们分裂开来的东西。
>
> ……
>
> 这两条原则应当在所有的生活领域中成为不可取消和无条

件的规范,不论对家庭、社团、种族、国家还是宗教,都是如此。①

就一般意义而言,当今世界上的绝大多数人大概不会反对将人道与恕道视为普世伦理的两个基石。但是问题在于,奠定在人道与恕道基础上的新普世伦理究竟是在什么条件下才是可能的?基于上面对儒家"恕忠之道"之精神的理解与解释,我想指出的是,倘若孔汉思先生将儒家"恕道"视为是道德金律更为严格与合适的表达的话,以"恕道"或道德金律为其基础之一的普世伦理,就不能再像它在传统基督教的氛围中那样,以规范伦理学的形式出现。这也就是说,由于儒家"恕道"的精神所致,一旦普世伦理把自己奠定在"恕道"之上,作为强规范意义上的律令式伦理的规范伦理学就不再可能。换句话说,普世伦理的实现不再是作为律令式的规范伦理,而是作为弱规范型的,或者说作为"范导型的"示范伦理才能成立。

我们知道,自基督教伦理学以来,西方伦理学的主流是规范伦理学。规范伦理学认为,人类所有的伦理行为都应当遵循一定的判准。一方面,这些判准告诫我们在生活中应当做什么,不应当做什么。所以,伦理判准由于其具有律令、规条、命令的性质,往往又被称为规范或规则。另一方面,这些伦理规范必须对所有在相同或相似伦理情境下的伦理主体有效,具有普遍适用性。正如当代英国著名伦理哲学家海尔(R. M. Hare)指出的那样,

> 道德理性有两条基本的规则,规范性和普遍性。……倘若我们不能使一种规范普遍化,它就不能成为一种应当。②

---

① 孔汉思:《世界伦理新探——为世界政治和世界经济的世界伦理》,张庆熊主译,香港:道风书社,第177—182页。
② R. M. Hare, *Freedom and Reason*, Oxford: Oxford University Press, 1963, pp. 89—90.

| 第三章　示　范 |

因此,道德金律作为普世伦理的基石若要在规范伦理的意义上成为可能,就必须做到所有经其而产生的伦理规准同时具有规范性和普遍性。这也就是为什么康德企图用他的"普遍道德律"来替代传统的"道德金律"的根本原因。现在的问题是,这般理解的道德金律作为规范伦理的普世伦理学是可能的吗?我们在前面的讨论曾经对这个问题给出了基本否定的答案。原因很简单,我对他人对我行为的所欲所求,与在同一情况下某个他人想要得到的对待,并不总是相同的。显然,道德金律若要作为规范律令型伦理的普世伦理学,不可能建立在作为个人的"我"的所欲所求之上。例如,康德就曾正确地指出,一个法官不能因为自己惧怕死亡就改变对死刑犯的判决。①

关于道德金律或恕道之为规范伦理学的普世伦理的基石之一的可能性问题,实质上乃是规范普遍性的问题。如果普世伦理作为规范伦理学势必要求规范的普遍性,那么,作为其基础之一的恕道或道德金律则似乎很难达到,甚至抗拒这一要求。目前一种比较流行的说法是强调道德金律的积极表述与消极表述之间的区别。这种说法认为基督教的金律强调积极表述,而儒家的恕道则更看重消极表述,两者之间有着实质性的分别。② 所以,积极表述的金律不能达到规范的普遍性的要求,但消极表述的恕道则可以达到,这也就是为什么作为天主教神学家的孔汉思先生不仅仅以基督教的金律,而且更以儒家的恕道为普世伦理之基的缘由。我以为这一思考似乎也太过简单。一方面,儒家的道德金律也不乏积极的或肯定的表述,许多儒家学者诸如冯友兰、陈荣捷、芬格莱

---

① See I. Kant, *Grounding for the Metaphysics of Morals*, p. 37, n. 23.
② Robert E. Allinson, "The Confucian Golden Rule: A Negative Formulation", *Journal of Chinese Philosophy*, 12 (1985), no. 3, pp. 305—315.

特(Herbert Fingarette)对此都有论述;①另一方面,一个命题的积极表述与消极表述在逻辑意义上往往是等价的。如果说我的"所欲所求"不应成为他人的"所欲所求"的规准,很难理解为什么我的"不欲不求"应当成为他人"不欲不求"的规准。我们完全可以将同一个例子换一种消极的或否定的说法。例如,我作为一个医生不愿意自己在生命垂危、极度痛苦并丧失决断能力之际让别人对我施行安乐死,但这似乎不能成为一个规范性的判准,即我不应当对我的病人在同样的情形下施行安乐死。② 因此,在我看来,真正使得孔子的恕道与西方众多关于道德金律的表述不同的地方,并不在于他们的表达方式是积极还是消极的,肯定还是否定的。它是积极和肯定的,但这种肯定和积极不是"命令式";它也是否定和消极的,但这种否定和消极绝不意味着绝对的逻辑意义上的排除。

这里我们涉及了普世伦理如何可能的关键性问题。我赞同孔汉思普世伦理的设想,也认为一个以人道原则与恕道原则为基础的普世伦理是必要的和可能的。但是,我很难同意孔汉思将建立在人道与恕道基础上的普世伦理,仍旧理解为以基督教的神道普世精神为核心的规范伦理学,这种伦理学的现代目标在于寻找某种最低限度的基本共识,并试图以此为基础来构成全人类普适的,或所谓"最低限度"的、"不可取消和无条件的"伦理规则。这些规

---

① 参见 Fung You-lan, *A Short History of Chinese Philosophy*, ed. by Derk Bodde, New York: The MacMillian Co., 1953, pp. 43—44; Wing-tse Chan, *A Source Book in Chinese Philosophy*, Princeton: Princeton University Press, 1963, p. 27; Herbert Fingarette, "Following the 'One Thread' of the *Analects*", p. 377。

② 赵汀阳在回应我对其批评时曾用"逻辑等值"不等于"意义等值"的说法来辩护。且不说这两个概念本身需要澄清,赵依此用"A 欲得贿赂"来置换"A 不欲清廉"也是有问题的。正确的逻辑语义置换大概是"A 不欲不被贿赂"。参见赵汀阳:"论道德金规则的最佳可能方案",载《中国社会科学》,2005 年第 3 期。

则被用来规范、裁判不同文化、宗教传统和不同生活情境中的个人社会伦理生活。正如我们在前面的讨论中显示出的那样,一方面我们很难达到这样的"最低限度的"伦理规范;另一方面,即使我们如同孔汉思先生现在奋力去做的那样,达成了这样的作为规则的"规范",它们在解决复杂的生活伦理问题时的实际效用,也注定是空泛的和值得怀疑的。①

那么,以人道原则与恕道原则为基础的普世伦理究竟是在什么样的条件下才是可能的呢?这就涉及我们究竟要将道德金律,乃至围绕其展开的伦理学的本性视为"规范性的"律令,还是"示范性的"引导和教化?这也是我们下一节需要探讨和回答的问题。

第2节 儒家伦理学的本色:
规范伦理还是示范伦理?

如前所述,孔子及其所代表的儒家传统将恕忠之道作为伦理道德行为以及评判的基础。现在让我们来更进一步讨论对孔子关于道德金律解释的批评。对这些批评的深入讨论将可能使我们更清晰地看出,孔子所代表的儒家伦理学的本色。

我们在前面提到,对这一立场所可能提出的第一个明显批评在于经过如此解释的道德金律不可能引导我们达至道德评判的普遍性与规范性。而这种普遍性与规范性在西方通常被认为是伦理学的本质要素与特征。

可是,在孔子关于伦理学基础的思考中,这种适用于一切人的

---

① 关于对规范伦理学的批评,还可参见赵汀阳:"不含规范的伦理学",原载《学术思想评论》第一辑,收入《赵汀阳自选集》,桂林:广西师范大学出版社,2000年。

行为的普遍性与规范性似乎从未真正成为孔子所关注的问题。孔子及其传人所关心的,更多地倒是一种伦理行为的"共通性"。正如普遍性这一概念表明西方伦理传统中的神性律法性质,建立在恕忠之道基础之上的共通性概念,则展现出东方儒家伦理学作为人学的本色。① 这种"共通性",向上通合天地神灵,向下通和黎民万物,所以中庸诚明,至大至善。正因为如此,在孔子那里,道德金律从来就不是什么从超越性的上帝那里颁布的绝对律法或命令,而是在天地之间周转运行,同时又植基于人心民情,虑及特定人生处境的人间之道。中文语境中"恕忠之道"的"道路"而非英文"金律"(Golden Rule)中的"律法""规则""命令"的概念,充分显现出"恕忠之道"作为"道德金律",并非由天神颁布,吾等凡俗之辈必得遵从的"天条"。相反,它是根于我心,起于我行的人间之道。当然,这种人间之道,通过圣人与凡人的践行,通过历史传承,一直接到"天道"的渺茫深幽处。这也是为什么孔子说"人能弘道,非道弘人"的缘由。在这一"弘道"过程中,人与人之间相互靠近,人与历史相互接通,人类的群体生活得以可能。所以,孔子的以"恕忠之道"为本的伦理学并不企求什么超越具体生活的,具有绝对性质、笼罩着神性光环的普遍性。相反,孔子的"恕忠之道"着眼点更多的是一种既通达天地古今,更立足人世间的,建立在社群生活基础之上的相对普适性。这种相对的普适性,一方面强调"毋意、毋必、毋固、毋我",另一方面则强调这种克服固执与随意的自我的途径不可能经由逻辑分析的道路,即通过将"身体性"的自我还原为"纯

---

① 例如,杜维明教授在其《释中庸》一书中,对此区别作了明确地说明。杜维明说,"与(西方)将既清晰又确定的带有神性的知识作为道德的最后根基不同,中庸强调人类的共通经验应当成为道德秩序所赖以成立的中心"。参见 Tu Wei-ming, *Centrality and Commonality*, Honolulu: University of Hawaii Press, 1976.

第三章 示 范

粹的"、抽象掉任何具体生活、历史情境的、无差别的社会原子的方式来实现。恰恰相反,这"身体性"的,有血有肉的、在具体生活情境中生长的,在时间和历史中此起彼伏而又世代传承的,与他人关联着的"自我"正是我们每个个人担负"弘道"大任的出发点。也正是在这一意义上,我理解孔子所说的"为仁由己"与"能近取譬,可谓仁之方也"。

与否弃超越身体原则的无差别的绝对普遍性相应,孔子也不太可能赞同以绝对命令式的"规范性"来表述伦理学的本质特征。就我们前面所讨论的孔子有关恕忠之道的理解来看,孔子所理解的伦理学的本质应当更多地倾向于"示范"而非"规范","教化"而非"命令","引导"而非"强制"。

所以,无论是基督教的道德金律还是孔子的"恕忠之道",无疑都作为一种人类伦理行为的"范式"而存在,但本质性的区别在于这种范式被理解为"规范"还是"示范"。以孔子"恕忠之道"为代表的示范型伦理学,并不企求从外在上帝的神性寻求价值的源头。作为人间之道,伦理学乃从人间而来。从古人、今人、自己、旁人所经历的生活事件,以及由这些生活事件而设定的"范例"中,我们引申出道德、伦理、价值的要求。① 这些范例,在我们现今的日常伦理道德生活中,起着一种"示范"的功能,帮助我们判定日常生活中的好与坏、善与恶、美与丑、忠与奸。它们鼓励、激发、引导、教育民众,而非规定,命令、强制民众去行善事,做好人。正如孔子所言:"道之以政,齐之以刑,民免而无耻;道之以德,齐之以礼,有耻且格。"②从这一立场出发,以孔子为代表的儒家伦理学,坚持道德并

---

① 参见《论语·述而》第 22 章:子曰:"三人行,必有我师焉。择其善者而从之,其不善者而改之"。
② 《论语·为政》第 3 章。

不本于律法或政治权威,不企求"千篇一律"。道德基于人心,成于示范教育与自我修养。因此,先假定道德评判的绝对普遍性质与律令规范性质,然后由此出发批评孔子及其伦理学的做法,在其根基处至少是值得疑问的。

第 3 节　儒家伦理的"厚"与"薄"

第二种对孔子关于道德金律思想的可能批评,在于置疑孔子所倡导的恕忠之道在当今社会生活中的意义。这一批评可能会说孔子的"恕忠之道",仅是前现代中国农业社会及文化生活的产物。作为基本的道德伦理准则,这一原则在古代社会以家庭、村落为基础的农业生产以及社会文化生活中也许十分有效,但这在当今以工业、信息生产、科技革新为特征,以自由、平等、独立的个人为基石的现代社会、政治、文化生活中,已不可能再起到像在传统农业社会中那样的实质性效用。因此,"恕忠之道"作为孔子及其儒家传统对道德金律精神的理解,正像西方基督教对道德金律的传统解释一样,是历史的产物,仅具有历史性的意义与效用。它在现代社会生活中被"边缘化"以及它的"黄金地位"被现代社会中更高一层的、具有绝对普遍性质和律法规范效应的"普遍正义律"所取代,也就成为理所当然和不可避免的。

在我看来,这第二个批评至少也有两方面的缺陷。首先,这一批评植基于现代性的"进步"概念。这一概念预先认定"现代"比"前现代","工业城市"比"农业乡村","绝对普遍性"比"历史个体性","抽象理性"比"具象感性"具有更高的发展层次与优越性。但是,这一预先认定以及与之相关的现代"进步"概念本身并不是无可置疑的。正如我在前面所述,西方伦理思想的本质特征之一,就

第三章 示 范

在于它源出于基督教普世神性的基本立场。这一本质特征依然影响着现代人对当今伦理思想中诸如"正义""公平"等基本概念的理解。如果换一种思路,我们就不难看出,"正义""公平"这些现代伦理哲学中讨论的基本价值可能并不是什么自上而下,由至高无上,拥有绝对权威的天神上帝颁布的神圣律令,而是植基于人心的,在人间生活大地上历史的、文化的生长出来,用以保障和推动人类社群生活持存、繁荣与发展的德性条件。在现代西方有关伦理道德基础的讨论中,我们看到已有越来越多的学者摒弃传统的,在超越人间生活的"天空"寻找人类道德价值根基的企图。道德价值规范的"普遍性"离不开人间生活的"大地"。例如,美国普林斯顿大学伦理哲学教授迈克·沃尔茨(Michael Walzer)在他的《厚和薄:内与外的道德论断》一书中批评传统思想将伦理学视为从"薄的伦理学"(即从简单的,具有绝对普遍性与公理性的伦理规则开始),在具体历史实践过程中逐渐到达"厚的伦理学"(即适用上述规则于具体性、特殊性的社会生活)的过程。在沃尔茨看来,一条相反的途径,即由所谓"厚的伦理学"到达"薄的伦理学"也许更能提供真实的、人类伦理发展的图景:

> 伦理学的开端是"厚实"的。这一开端有着一种文化上的整体性与深厚的内蕴。当它遇到具体的情境,需要为了特定的目的说出道德判断之际,它通过"稀薄化"的方式表明自身。①

沃尔茨教授旧日在普林斯顿的同事、美国哲学界曾经的风云人物理查德·罗蒂(Richard Rorty)教授则将沃尔茨的观点,往前更推进了一步。在罗蒂看来,康德所奠定的某些现代伦理学的基

---

① Michael Walzer, *Thick and Thin: Moral Arguments at Home and Abroad*, Notre Dame: University of Notre Dame Press, 1994.

本原则,诸如"正义源于理性而忠诚诉诸情感"和"唯有理性方可为普适的、无条件的道德律令立法",也许仅仅是一些哲学幻觉。道德的本源图像反倒应当是:

> 道德不是从律令规范肇端的。道德的开端是紧密相联的某一群体,诸如家庭、民族中的相互信任的关系。道德的行为就是去做像父母子女之间或者像民族成员之间自然而然地相互对待那样的事情,这也就是尊重别人所赋予你的信任。①

基于这一对道德本源的理解,罗蒂认为在所谓的普遍性公义与区域群体的忠诚之间并无本质性的区别。所谓"忠诚"就是缩小了范围的"公义",而"公义"则是扩大了范围的"忠诚"。尽管我并不完全同意罗蒂有关"公义"就是在量上扩大了的"忠诚"的观点,但我赞同他所说的这两者不能截然分开。就其本质而言,这两者都植根于人类之间由于身体而相互联接的情感与关爱关系,而这正是以孔子为代表的儒家恕忠之道的思想所要表述的。因此,借助于沃尔茨—罗蒂的理论,我们应当得出这样的结论,即孔子的"恕忠之道"所表达的思想在今天并没有过时,它应当且实际上也仍旧在我们今天的道德评判过程起着本质性和基础性的作用。

认为孔子"恕忠之道"作为旧时代的伦理学已经过时和不中用的批评所具有的第二个缺点在于:这一批语所依据的是一幅过于简单化的现代社会生活及现代人的图景。用著名社会批判理论家赫尔伯特·马尔库塞(Herbert Marcuse)话来说,这种对现代社会

---

① Richard Rorty,"Justice as a Larger Loyalty",paper presented at the 7th East-West Philosopher's Conference, University of Hawaii, January 1995, pp. 5—6.

第三章 示 范

生活与现代人的描述本身就是一种"单维度的"。① 我并不想否认在当今社会生活越来越多的领域中,某种'稀薄化了"的道德,例如强调普遍性与不偏不倚的公正性的道德,起着直接的、伦理范式的调节、评判作用,而且这种趋势正在以越来越快的速度延展。这也就是为什么杰里米·边沁(Jeremy Bentham)所提出的功利主义的口号"每一个人都应该被当作一个(伦理单位),而且仅仅是一个(伦理单位)来对待"在今天如此流行。但是,应当承认,也正是这种把社会生活的人"单位化"与"量化"使得现代伦理学的绝对普遍性与不偏不倚性或为可能。但是,这中间付出的代价是,一个个活生生的、有血有肉、有情有感的人,在这里仅仅成了一个或一个可以被计算,被量化增减的"伦理单位",而非一个"个人"。

这里应当引起我们注意的是,现代社会生活方式朝两个方向的分化发展,一方面是社会生活发展的全球化趋势。我越来越多的是作为整个人类的一分子,作为世界公民,作为大街上的一名陌生人,作为银行信用卡的一个号码,作为计算机网络中的一个 IP 被认定。这里强调的是社会生活中的公共性,与此相应的道德评判要求是绝对普遍性与不偏不倚的公平性。另一方面则是社会生活发展的社群化、私人化趋向。我们看到,这两种趋向并非总是相互冲突的。例如,我的世界公民身份的认定并不同时排除我作为家庭群体中的一员,父亲或母亲、丈夫或妻子的身份,作为村里人所惯于称呼的"铁蛋"或小镇咖啡馆里热情周到的"杰姆大叔"而存在。所以,现代社会伦理道德评判过程中对普遍适用性与不偏不倚的公平性的强调,并不同时意味着像孔子"恕忠之道"所代表的,

---

① Herbert Marcuse, *One-diamentional Man: Studies in Ideology of Advanced Industrial Society*, London: Routledge, 1991.

植基于人类具体群体生活实践的"厚"的伦理学的死亡。恰恰相反,这种强调显示出诸如"恕忠之道"的"厚重伦理学"在人类伦理生活趋向浅薄化的今天,更多的是起着一种默默地,间接性的奠基工作。这也就是说,尽管它可能不再显赫,但它的"黄金地位"是不容改变和不应轻视的。

再退一步说,这种强调普遍适用性与不偏不倚的公平性的"薄的伦理学"在当今社会生活中许多领域的运用,并不代表它适用于人类生活的一切领域。例如,要是一位妈妈把最后一盒巧克力糖留给了最喜爱巧克力糖的女儿,而没有将之在女儿与她的两个儿子之间"平分",大家也不会责备这位妈妈"不公平"。同理,要是一位父亲发现他的孩子与其他孩子一起处于危险境地时,决定先救他的孩子而不是其他孩子,相信很少人会责备这位父亲。这里的原因很简单,因为他是这孩子的父亲,而这孩子是他的孩子而非许多之中抽象的"一个"。当然,一旦具体情境改变,道德评判所依据的范式也会随之变化。例如,让我们现在假设这位父亲是一战地指挥官,他的儿子恰巧是他部队的一个士兵。假如这位父亲运用他的职权将儿子留在后方,而将其他年轻士兵派往危险的前线,并且他用之为己辩护的理由是因为这位年轻人是他的儿子。我们知道,在这种情况下,这位父亲/指挥官理应在道德受到谴责,甚至在军法上受到惩处。其原因很简单,这位父亲/指挥官在这里混淆了自己的双重身份。不错,他是一位父亲。作为父亲,他有责任在危险的情况下保护自己的儿子不受伤害。但是同时,而且在这种情况下,他更重要的是一位战地指挥官。他的行为在道德上理应受到谴责并不是因为他是一位父亲,而是因为他是一个军官,并且他的儿子主要是作为一个士兵在这种情境中被认同。上述例子表明,当今社会生活具有多种层次,多种领域,每人在其中某个特定的时刻与情境下扮演的角色不同,所以与此相应的道德范式也可能是不同的。相对于不同的社会角色,每人所承担的道德责任也不尽相同。在很多情况下,我们甚至很难划一条清晰的道德界线,决定取舍。古言"忠孝不能两全"就是这种情形的典型例子。然而这种模糊情形的存在并不意味着我作为较大的社群的成员的认定(例如作为国家的公民),总是要在道德考虑上优先于作为较小的社群的成员的认定(例如作为家庭的成员),或者如同存在主义哲学家萨特(Jean-Paul Satre)所断言,根本无所谓道德基础,只要我自由地做出行为的决定并愿意为此负责,任何行为都是道德上正当的。正是这种将现代社会生活以及现代人简单化的倾向,导致我们误认为"薄的伦理学"可以替代"厚的伦理学",导致我们在复杂的现代社会生活中混淆作为道德主体与作为法律主体的区别。

第4节 作为示范伦理的儒家伦理

基于对现代社会生活伦理本质的上述种种讨论与考虑,我希望我对孔子的有关"恕忠之道"思想的解释,对中西方关于"道德金律"真精神的理解,以及在这一理解中展现出的对不同思考路向的批判性比较,能够有助我们对道德与法律之人性基础的把握。道德金律的"黄金本位"并不在于别的,而仅在于它植基于作为"人"的"我心"与"他人之心"。在人心交融之处,人性与德性合二为一,这不仅是孔子的"恕忠之道"所留给我们后人最宝贵的思想遗产之一,也对帮助我们理解和进入当今世界的道德、社会、政治生活,具有极其重要的现实意义。

韦政通先生曾经提出一个非常重要的观点,批评儒家传统的伦理学说有一种泛道德主义的倾向。换句话说,儒家把伦理道德方面的要求从私人的领域逾越性地推广、延伸到公共政治领域,这样就把传统解释的仁、义、忠、恕等等推广到治理社会与国家的方向上。① 我觉得他的这个观点触及了传统儒家伦理的核心。问题是,我们现在还能不能把儒家的"三纲""五常"之类重演成一种政治体制,或者从一种治国的方向上去理解,譬如前些年有"以法治国"还是"以德治国"的争论。如果我们再扩大一下视野,从全球化的当代意义上来重新思考儒家伦理的本色和定位,很明显,我们已不太可能再来用传统的"以孝治国"之类的方案。

但是,现代生活中也同时出现了另外一个问题,这个问题就是泛法律主义的问题。在现代社会中强调法律的重要作用,这不仅是应当的而且是必需的。但泛法律主义的问题,就在于将法律作用的范围无限扩大,用来作为调节、规范和整合人类政治的、社会的乃至家庭的和私人全部生活的一般规则。前面所讨论的所谓"底线伦理学",在某种意义上就是这一思路的表现。通过对儒家"恕忠之道"的重新解释与讨论,我想提出,我们不仅要反对现代社会生活中的泛道德主义,同时也要注意和反对那种泛法律主义的倾向。这后一种倾向的结果往往就是用法规、律令来取代替道德评判,让法院的法官甚至政府高官的意志,成为个人行为道德与否的最终裁判者。也正是因为如此,在当今社会生活中,我们看到道德问题与法律问题常常混而为一,立法取代了伦理教育,法庭取代了良心,道德与不触犯法律成为同义语,而最高法院的法官们也同时成为人们道德行为的最后裁判人。比如,在美国,很多伦理问题最后要到最高法院进行裁决。在日常的伦理实践中,似乎只要不犯法,好像什么都是可做的;或者哪怕犯法,只要不被逮住,甚至尚

---

① 参见韦政通:《儒家与现代中国》,台北:东大图书公司,1984年。

第三章 示 范

未法庭定谳,也不是不可行的。这就是现代人普遍感到的"道德危机"。所以,不仅在东方是这样,在北美、欧洲也是如此。

我们批评现代西方语境中价值评判的泛法律化的倾向,并不意味作者赞同在社会政治层面的运作上取泛道德化的立场。应当同样指出,这种在社会政治层面上的泛道德化,从而忽视甚至否认社会个体作为公民身份拥有的、无差别的、普遍性平等权利,乃是以儒家思想为中心的传统东亚威权社会中一种普遍现象和弊病。但是应当看到,就其哲学实质而言,"泛法律化"与"泛道德化"犯的是同样的错误,即是将具有多种层次,多种领域的社会生活以及在这种社会生活中的各个特定的时刻与情境下扮演各个不同角色的复杂人格简单化、单一化的结果。

我们说过,传统儒家伦理思想所赖以产生的土壤,是传统的小农经济占主导的农业社会生活。我们对它的定位较少以一个普世的人的概念作为起点,而往往只是一种传统的小农经济、家庭生活中的角色概念,诸如父亲、母亲、丈夫、媳妇、儿女等等这样一个个具体角色的伦理定位。而全球化的现代社会生活似乎越来越多地要求人脱出具体的角色定位,在普世的公众生活中定位自己。例如,在现代法治社会中,每个人都是一个公民,都是一个平等的立法者和守法者,在这个意义上都是相同的。这就是为什么公平的要求、普遍正义的要求在现代社会生活中的呼声越来越高,构成了现代伦理思想的主流。但是,另一方面,全球化的结果不仅是普世化,而且也越来越走向个性化、多元化和草根化。在这个意义上,对任何一个伦理主体及其行为的道德评判,都是具体情境下的具体角色行为,不可能做到(也不应当要求)普世性的整齐划一。尽管现代社会生活中人的伦理角色的丰富性和多样性,是孔子年代的农业社会所无法比拟的,但在强调伦理主体生活的情境性和特殊性方面，儒家传统伦理学的"现代"内涵、意义以及前景仍是完全不可忽视和低估的。

现代西方主流的"规则伦理学"和儒家的"德性伦理学"是在现代社会生活的不同层次上起作用的伦理理论。我们不能因为过分强调一个方向，就走向泛道德主义；也不能因为强调另一个方向，就走向泛法律主义。儒家伦理在现代社会生活中应该有它的一席之地，但我们也不应对它乃至对一般伦理学期待过高，好像伦理学能做所有的事情，这恰恰是泛道德主义导致的问题。实际上，伦理学能做的事情是有限的。我们不能用伦理代替法律，但反过来我们也不应该用法律取消伦理，或者把伦理法律化。"上帝的归上帝，凯撒的归凯撒"，不要把两者混起来。该道德的道德处理，该法律的法律处理，而不是把道德的东西以法律处理，把法律的事情以道德处理。这与我们现代关于人的定位有关系。人的生活是非常复杂的，有时候我们以公民的身份自我认同，有时候我们以学者、雇员、商人、消费者、领导的身份自我认同。如果在一个家庭中，丈夫和妻子、父亲和儿子过分讲究权利、利益、公平，而在法庭上讲哥们义气、讲父子互为隐瞒，这就是"泛"，或者用哲学的话说，犯了"范畴混淆的错误"。

五四以来，人们对儒家泛道德主义的问题看得比较清楚。但在全球化情境下讨论儒家伦理的价值时，有必要从正面重新定位或重新认识儒家伦理的价值。一些学者沿着现代主流伦理学的思路，企图寻找普世的、最根本的规则和原理作为未来全球伦理的底线，并认为儒家伦理的现代意义就在于对这一全球伦理的"底线"做出了贡献。在我看来，这在哲学方法论上还是落入了传统的套路。这首先假设了一定会有这样的普世"底线规则"；其次，假设我们一定会找到它。例如前面讨论的孔汉思就提出用基督教的"人

第三章 示 范

道"加上儒家的"恕道"作为普世伦理的底线,来构建未来的全球普世伦理。但是,寻找这类规则和"底线"的思路,本身也许就是有问题的。这样的思路是规范伦理学的思路。按照这一思路,我们需要找到普遍规则作为规范,而伦理学的任务只是运用这些规则而已。我并不是完全否认"普世"伦理的可能性,而是想说,作为规范伦理学的普世伦理是不可能的,因为且不说我们找不到那适应于全世界所有族群、宗教和文化的作为"底线"的普世规范和原则,即使找到,也一定是没有"规范"效率和效应的。

儒家伦理的本质并不在于要找这样的规范,或者说儒家伦理的本质不是规范伦理学的问题。儒家伦理的本色不在"规范"而在"示范",示范伦理学才是儒家伦理在现代意义上对于未来的世界伦理可能贡献的东西。儒家伦理看重的,不是去制定这样那样的规则、规范,而是强调在道德生活中树立榜样。我们自小在生活中,更多地不是从规则、规范里学会道德的行为,而是从家人、父母、邻居、同伴以及历史生活的实例、榜样中来学习和培养道德感、道德习惯和道德情操的。

今天的生活是普世的,全球化已经是一种不可抗拒的现代生活方式,无论愿意不愿意,我们已经身处其中。因此,如果说伦理道德是生活的,那么,普世伦理就一定是可能的。但普世伦理的可能性,并不必然等同于它在规范伦理的意义上是可能的,在我看来,它也许只是在示范伦理的意义上才会实现。而这,就是我所理解的儒家伦理的现代意义。也正因如此,儒家特别强调"教师"的作用,强调教育和学习的功能,强调示范意义上的"育"和"导",而非律令规范意义上的"戒"和"惩"。

儒家强调以身作则,这不仅是知识论认知的问题,而且更多的是践行的问题。儒家常常讲"三人行,必有我师",讲"为仁由己",

讲"大学之道在明明德",这就是道德教化,是儒家的特点。儒家讲以身作则,但哪一种是"则",哪一个行为是好,恰恰是在伦理示范的过程中才慢慢地、历史地形成和体现出来。比如,在今天的国际生活中,单边主义的整个思想方法的根本就是普世主义和规范主义。这种单边主义认为自己所尊奉的价值是普世价值,任何国家、人民都应该实行;如果不实行甚至可以不惜采取武力或阴谋的方式推行,而且还冠以一个神圣的名义。这就是先已规定了什么是好,什么是不好,而我认为这恰恰是规范伦理的问题所在。如果按照儒家示范伦理的思路,那么,一个国家政府说自由主义是好的,那你就在实际操作中做给大家看。又比如,现在提倡和谐社会、和谐世界,中国政府认为这样做很好,也需要在实际中做给大家看,但同时并不命令或要求全世界都千篇一律地跟着做、照着行,而是要公开透明地做,容忍异见,允许批评,这样慢慢地、自然而然地,通过历史的交往、理性的沟通,甚至激烈的批评,就会慢慢形成某些范导性的价值,而不是规范性的强制。应当说这才是儒家精神的真正体现。

如果我们顺着示范伦理的方向,可能我们会变得更加宽容,也更加自信。坚持理想,认为这是对的就去做,做给你看,这才是以身作则,这才是儒家的从自己做起,叫将心比心、推己及人。我觉得儒家伦理的现代意义或现代价值恰恰就是在这方面,而具体到个人的道德生活中,则是每个人"为仁由己",自己用心去做,去践行。

第四章 身 体

第1节 "身体"在中国古代思想中的
基本含义及哲学背景

早在 30 年前,时任哈佛大学教授的杜维明先生提出要重视以儒家独特的身体观为基础的"体知"概念。① 其后,他又依循历史,提出了著名的"同心圆"喻像,用来解释和说明儒家"仁爱"如何伸展的理念。在台湾,杨儒宾教授有专著全面论述"儒家身体观"。② 在内地,李泽厚先生也提出儒家有个"情感本体论",而中国社会科学院的蒙培元先生也曾多次论述儒家哲学的本质是奠定在心身合一的存在论基础上的情感哲学。③ 最近,西安交通大学的张再林教授一再提出"视中国哲学为身体哲学"的说法,并分别从身体、两性、家庭以及身体符号等角度来深入地探讨中国哲学研究中的诸身体性维度。④ 这些提法与研究,都和我们在前两章中谈到的"道

---

① 参见杜维明:"论儒家的体知——德性之知的含义",载于《儒家伦理研讨会论文集》,刘述先编,新加坡:东亚哲学研究所,1987年,第98—111页。
② 参见杨儒宾:《儒家身体观》,台北:中研院文哲所,1996年。
③ 参见李泽厚:《中国古代思想史论》,北京:人民出版社,1985年;《己卯五说》,北京:中国电影出版社,1999年;《论语今读》,北京:三联书店,2004年。孟培元:《情感与理性》,北京:中国社会科学出版社,2002年。
④ 参见张再林:《作为身体哲学的中国古代哲学》,北京:中国社会科学出版社,2008年。

德感动"与儒家"恕道"概念有着密切的关系。因为无论"感动"还是"恕道"中的"将心比心,推己及人"都离不开作为"身体"的"人心"。换句话说,儒家仁爱的核心首先是"有血有肉、有情有欲和实实在在"的从身体性开始的人间之爱。正是从这种人间之爱出发,儒家伦理的以身体人心间的感应互动和情感感染为核心的示范伦理才成为可能。

  在现代汉语中,"身体"由"身"和"体"两个字组成①,它们的初义基本相似,只是当延伸开来之后,略有区别而已。先来看"身"字。按照东汉许慎的《说文解字》,"身"是一个象形字,它的基本意思是人的躯体,是人的身躯的象形初字。②"身"的另一个含义出自后汉的词典《释名》,在那里,"身"和同音字"屈伸"之"伸"相通,被解释为"伸展""屈伸"之义。③ 再来看"体"字。按《说文》的解释,"体,总十二属也。从骨,丰声"。这个十二属又被解释为人体或动物形体的十二个肢体部位,其中"顶、面、颐,首属三;肩、脊、臀,身属三;肱、臂、手,手属三;股、胫、足,足属三也"。很明显,这里的"体"既有总体、整体、主体、肢干的意思,又有部分、部属、肢体的意思。《释名》也在同样意义上解释"体"字。"体,第也。骨肉毛血,表里大小,相次第也"。④ 显然,身和体在古代的意思是相通的。而在日常的用法中,我们大概也可以粗略地说,"身"主要(1)用作名词,指人或动物的躯体;(2)用作代词,指我自己本人,例如"自身"

---

  ① "身体"两字在汉语中的作为一词的最早合用大概可以追溯到《孝经》中的名句:"身体发肤,受之父母,不敢毁伤,孝之始也。"
  ② 许慎:《说文解字》,北京:中华书局,1963年,第170页;另外,李孝定先生在《甲骨文字集释》中也这样解释"身"字,"从人而隆其腹,象人有身之形,当是身之象形初字。许君谓'象人之身',其说是也。"
  ③ 刘熙:《释名》,毕沅疏证,北京:国际文化出版公司,1993年,第9页。
  ④ 《说文》,第86页;《释名》,第9页。

第四章 身 体

"亲身""身先士卒";(3)用作动词,指自己去担当、实行、伸展,例如《淮南子·缪称》中"身君子之言,信也"就是这种用法。① 至于"体"也是一样,用作名词,(1)首先指身躯,或者是整个身体,或者是作为部分的肢体;由此引申开来;(2)又泛指不仅生物体,而且所有物体的自然形体和几何形体;(3)在概念形态上,指事物的基体、主体、本体;(4)在抽象形态上,指实物和事态的某种形式、风格、体裁、法式、体系等等;(5)作为动词,指对基体或者从基体出发进行推延、伸展、扩充、展现的践行方式与认知过程。②

从哲学上来讲,人们日常对身体的理解,实质上是中国思想文化传统中有机体宇宙观的一种体现。也就是说,中国人的身体观念在根本上反映出的是传统中国人对部分与整体,内体与外体,己体与异体,个体与群体,基干与枝梢在整体自然和社会体系中的各自位置、位序以及相互之间互联互动关系的一种哲学理解或领悟。这也就是为什么不少研究中国思想和哲学史的学者一再强调中国传统的身体观与先秦时代的重典礼威仪、精血气脉以及道德践行的主流思想传统具有某种"同源"深层关联的原因。③ 按照安乐哲(Roger Ames)的说法,在西方传统里,最常用的身体比喻是"容器",而在古代中国传统中,身体比喻用的是有机意向。在这一意向下,天地万物一体,阴阳大化,贯通流行,而人的身体仅只是我们进入这一宇宙阴阳大化,自然生息不止过程的一个入口,或者说,这只是我们处在其中的一个观视角度。从这里,我们进入这一过

---

① 参见汉语词典中的"身"字凡例。
② 参见汉语词典中的"体"字凡例。
③ 参见杨儒宾:《儒家身体观》,第1—84页。

程,体会和体认这一阴阳大化、贯通流行的"自生"自然之态。① 在这样的一种"渊之不涸,四体乃固,泉之不竭,九窍遂通"的状态下,我的身体作为精气、礼序、道德的承载个体就在人类自然生活的运作、践行中生长、成长。在这一过程中,我的身体作为自然宇宙整体中的一部分,向外勾连、伸展、拓进和超越,这样,它就与作为异己部分的其他个体,以及与整体之间,形成一种因缘摩荡,相辅相成、意蕴发生的内在关联。也正是在这样的一种多方位、不间断的身体性关联中,我成长为"人"(仁),成就我自身。

第2节 儒家"身体"哲学的四个核心概念

应该说,这样一种"天人合一"式的有机宇宙观与身体观对中国古代的哲学思想,尤其是儒家的道德哲学思想的形成和发展起到了奠基性的作用,从孔子以"亲亲、尊尊"为核心的"仁爱""仁政"理念,到子思、孟子的"性命""心性"学说,再到张载的"民胞物与"和王阳明的"致良知",无一不可视为这一宇宙观与身体观在哲学理论层面上的表达。所以,当我们今天谈到儒学的复兴和"返本开新",这一古代的身体观无疑是我们要在现代生活世界和现代学术的背景下,进行重新考察和思考的一个重要的思想资源和宝藏。

那么,我们今天究竟如何对这一古代的身体观进行"返本开新"式的思考呢?在我看来,对于这个问题,我们不妨从中国古代身体观中所包含着的几个重要哲学概念或范畴出发来尝试进行深一步的思考。

---

① 参见 Roger Ames, "The Meaning of Body in Classical Chinese Philosophy", in *Self as Body in Asian Theory and Practice*, ed. by Thomas Kasulis, Roger Ames & Wimal Dissanayake, Albany: CUNY Press, 1993, pp.157—177.

第四章 身 体

首先,中国古代哲学,尤其是儒家哲学身体观中所包含的第一个重要概念是"身"。我以为"身"的概念在儒家哲学中的含义大致有二,一个是"亲身""己身",另一个是"反身"。也许在这一意义上,可以说"身"构成了全部儒家哲学的原点和起点。《论语》说"孝悌为仁之本";《孝经》说"身体发肤……孝之始也",可见这个"身"指的是"肉身",是"亲身""己身",是充满生命力的活泼泼的自己,也是血缘家系和家族乃至社会伦常、天人关系的起点和连接点。正因如此,儒家才会这么看重身体,离开了身体的自然基础,自然关联以及与此基础、关联相关的自然情感,儒家的全部学说就可能会成为一所空中楼阁。

儒家不仅讲"亲身",还由于这一"亲身"的重要性,大讲"反身""省身""修身"。① 孔子说"为仁由己",曾子说"吾日三省吾身",而孟子说得更清楚,"万物皆备于我矣。反身而诚,乐莫大焉"。这里讲的都是儒家的道德成仁过程。这一过程从返归到为人之本的自身本心和本性开始、开端,而这一切所以可能,全因我的身体乃天地万物之大体的一部分。仁人、君子,唯有反身归本,方可诚明通达,立于天地之间。

与第一个概念相联系,儒家身体观的第二个重要概念是"体"。如前所述,这里的"体"一方面当然具有"个体""整体"之义,但此义已和前面"身"义相重合,但另一方面应该更强调由"本体""本根"义扩展而来的作为动词的"体"的含义,即我们现在常说的"身体力行"一语中"体"的意思。这一意义也和"身"所包含的"伸展""展开"之义相合。正是在这个意义上,儒家开展出和身体的肉身、亲

---

① 儒家的"反身"概念可和西方近代哲学中的核心概念"反思"做一鲜明比照。关于这一点,可参照张曙光,"身体哲学:反身性、超越性和亲在性",载于《身体、两性、家庭及其符号》,张再林等编,西安:西安交通大学出版社,2010年,第336—344页。

身性质相关的方法论、认识论和实践论的伦理学路向。杜维明先生提出的儒家"体知"概念大概就是从这一义"开新"、发展出来的。我们日常语言中的"体验""体现""体认""体会""体察"以及"体贴""体谅""体恤"等等概念都应归入这一范围。我们知道,这种"体知"的概念在中国古代宋明理学的发展中,曾以知行合一为基础的"德性之知"的名号,区别于由外在感官而来的琐碎、分离的"闻见之知"。但在今天的背景下,它又和近代西方哲学知识论中以感性经验、理性抽象与逻辑推演为基础的科学之知相区别。

儒家身体观所包含的第三个概念是"亲"或"亲近"。按照儒家的理解,"亲"在这里体现的是与身体血脉相连的"近"的关系。所以,《说文》解释,"亲,至也";《广雅》解释,"亲,近也",讲的是同一个意思。也许有人会说,这里的"近"实际是一种空间、时间的关系。这话不错,但我想强调的是,儒家的这种时空观念不是现代数理科学所规定的那种撇开具象肉身的抽象时空,而是植基在这种肉身血缘、亲缘之内的具象时空的动态性位序关联。儒家伦理中的关键概念"仁爱"讲的就是以"亲爱""亲近"为根本和为起点的亲亲原则,而我们知道,"亲亲"是建基在我的肉身血缘基础之上的,所以《孟子》说,"仁,亲亲是也"。儒家身体观念中的这个"亲近"不仅构成儒家仁爱的源头,而且更是儒家"仁爱"伸展、扩展的根据与动力。不仅如此,"亲近"这一儒家的身体观念还体现出儒家仁爱的"层次感"和"位序意识",直接导向儒家所倡导的"爱有差等"的学说。

儒家身体观中所蕴含的第四个重要观念是作为"身体"的"域"的观念。如前所述,"身体"虽然指的首先是身躯意义上的自然肉身,但在儒家理解里,它是一个生长着,连接着,处在血缘关系中的活体、生命体。在它的背后,指称、链接、环绕、纠缠着一个个可大可小，可伸可缩的"体域"。当儒家说"民胞物与"，"天地万物一体"时，我的身体就指向那个"天人之际"的宇宙"大体"。"四方上下曰宇，古往今来曰宙"，这个经典的中国古代的宇宙时空概念反映的也是一个以人的当下身体为定位不断伸展开来的开放"域"的观念。这个"体域"可以无限伸展，这也就构成儒家"仁爱""廓然大公""大爱无疆"的理念。另一方面，由于其身体性质，这个"域"既不可是均匀流淌着的线性时间流域，也不会是毫无障碍、广延平推、一马平川式的物理空间地域。这也就是说，儒家作为本己肉身的"身体域"概念，因为肉身的个体"边界"、生死交替的世代"界限"，乃至"终有一死的"人类"大限"，就在坚持"天地万物一体"的同时，蕴含了"限界"和"异体"的意涵，这些又反过来加强和支持儒家在其极具现实感和实用理性的道德伦理实践中，倡导与实行分层次、有位序的"亲爱体仁"之方略。总之，我们也许可以将在上述两层意义上理解的儒家"身体域"的概念，用"有方序而无边界"来进行表述。

第3节 儒家以身体为基础的"亲近说""推不出序"吗？

以中国传统的"身体"观念为基础，将上述的这四个基本概念相互串在一起，作为一个整体来理解，我们不妨将之称为儒学中的"亲近"学说。显然，这个"亲近"学说的核心就在于，表达从身体的"亲身"关系伸展开来和体现出来的个体与个体、部分与整体、内体与外体、己体与异体，个体与群体相互之间的互动趋近、影响沟通、和谐共处的过程与方式。无疑，这里体现着儒学的"仁爱"学说中最核心的理论价值。例如，儒家普遍认为在孔子整个思想中"一以贯之"的"恕忠之道",即"己所不欲,勿施于人"和"己欲立而立人,己欲达而达人"中所展现出的"仁者爱人"的基本精神,以及"能近取譬"的基本方法;还有《大学》中所讲的"以修身为本",而后"齐家治国平天下"的所谓"修齐治平"之基本道路,无一不是儒家哲学这种"亲近"学说的生动写照。此外,我们在日常生活中常说"将心比心,推己及人",应该说,这里的"比""推""及"都和儒家的"亲近"学说有关,也都只有在身体性亲近的基础上才能真正实现。换句话说,它们不应当是以理性智识为主要推动力的单向度的,粗暴地强推、强比、强及,而是一种在人心间相互趋近中的身体性"互动""影响"和"伸展"过程。同样,儒家讲伦理实践中的"以身作则",说的不是神圣天启型的或者逻辑演绎型的颁布普世律令、规则、规条,而是"以身先之",做出亲身示范,并通过示范,感动、启发、影响人心,使人"设身处地","举一反三",逐步形成风范,从而达到化育德性、成就人生圆满幸福之目标。

对于儒家这样的一种基于身体的亲近关系而进行仁爱伸展的学说,自古以来就不乏争议。2000多年前,墨子的"兼爱论"与儒家的"亲爱论"就有过一场针锋相对的大辩论。今天,当越来越多的人批判作为西方哲学主流的心智哲学明显地"鄙视身体,将之视为敌人"的做法,并意识到这样做所铸成的"巨大错失"[①]的同时,儒家思想传统对"身体"的积极态度也就自然在哲学上引起人们愈益增多的重视与兴趣。

但是,我们也应当清醒地认识到,儒家哲学的这套所谓"身体性的话语",究其本质而言,并不是什么现代的创新,自古以来人们

---

① 参见 Friedrich Nietzsche, *The Will to Power*, trans. W. Kaufmann, New York: Random House, 1968, p.131。

第四章 身 体

一直就这么说,只不过在不同的历史时代,由于社会风尚的不同和儒家政治、社会地位的高低,领着不同的风骚,有着不同的命运罢了。例如,上一辈经过五四新文化运动启蒙和洗礼的中国学人,对儒家传统之核心价值的理解和解释,平心而论,和今天的儒学学者们相比,似乎并无本质性的差别。而且,要从理解和解释的深度、广度言,我们恐怕还远不如先人。但是,两代人对这一核心价值的评判结论却似乎截然相反,大相径庭。这是为什么呢?另一方面,我们知道,即便是所谓的"身体性话语",在西方也不是完全缺失的,只是在自笛卡尔以来的近代西方哲学中,它由于"心智性话语"的强势地位,遭到压抑、扭曲和被边缘化而已。我们今天万万不可因为"风水轮流转",就追新骛奇,成为"追星族"。换句话说,我们不能因为当今的后现代思潮兴起,人们转而对身体性概念以及儒家身体观重新重视,对其正面价值重新肯定,就无视或忽视传统上对儒家的"亲近"原理或学说,尤其是对这一学说的传统解释所可能隐含的根本性缺陷的批评和批判。任何对儒家传统身体观的现代解释,无论多么新潮,都应当也必须在新的层面上对以往的批判做出理性的和新的回应,否则,这种解释大概是没有多大意义的。

在现代中国思想史上,对儒家以身体观为基础发展出来的"亲近"学说的最有影响和重要性的批评之一来自著名的社会学家费孝通先生。在其名著《乡土中国》中,费孝通从社会学研究的角度,比较了中国传统的乡土社会和西方公民社会之根本社会结构的不同。按照费孝通的解释,西方社会的基本结构可被描述为从上往下,由公到私的"团体格局",而乡土中国的基本社会结构则为从下往上,由私到公的"差序格局"。在西洋"团体格局"的背后,有着一个超越的神的观念在支撑,而乡土中国的"差序格局"中,支撑理念就是我们前面所讲的儒家的"亲近"和"推爱"的基本观念与方法。

按照费孝通的说法，儒家的这种由自身的切身仁爱体验出发来"推己及人"，其核心在于以"自我"或"自身"为中心，由个体的切身体验出发来外推。这样，就会只在和自己发生社会关系的那一群人里发生圈圈波纹，这一圈圈波纹固然越来越远，但也越来越弱，其结果必然还是出不了所谓"乡土中国"之"差序格局"的"圈子"。于是，费孝通得出结论，传统的中国道德里找不出"一个笼统性的道德观念来，所有的价值标准也不能超脱于差序的人伦而存在了"。① 我们在这里不妨将费孝通的这一对乡土中国的伦理社会关系的描述和批评称为"推不出序"。②

费孝通先生的这一对儒家仁爱"亲近说"的批评，颇具代表性。但在这里我以为有两个方面的回应值得进一步思考。第一，这一批评的基本思路在本质上并没有超出先秦墨子及其后学从"兼爱论"角度对"亲爱论"所作批判的范围。不同的地方可能在于，费先生的批评在这里新添了一层近代西方基督教新教伦理的底色而已③，而问题的关键也许恰恰就在这里。我们知道，基督教新教伦

---

① 参见费孝通：《乡土中国》，刘豪兴编，上海：上海人民出版社，第 23—35 页。

② 近来，赵汀阳先生也强调这一对儒家核心价值的批评。在赵看来，"由家伦理推不出社会伦理，由爱亲人推不出爱他人，这是儒家的致命困难"。参见赵汀阳：《坏世界研究——作为第一哲学的政治哲学》，北京：中国人民大学出版社，第 129—147 页。

③ 正如费孝通先生所指出的那样，在西洋"团体格局"的背后，有着一个超越神的观念。因为这一观念的存在，西方就又有了"两个重要的派生观念：一是每个个人在神前的平等，一是神对每个个人的公道。……亲子间个别的和私人的联系在这里被否定了。……每个'人子'在私有的父亲外必须有一个更重要的与人相共的'天父'，就是团体"。而在所谓"差序格局"中，社会是由"无数私人关系搭成的网络"，"社会范围是从'己'推出去的，而推的过程里有着各种路线，最基本的是亲属：亲子和同胞，相配的道德因素是孝和悌。……向另一路线推是朋友，相配的是忠信。""因之，传统的道德里不另找出一个笼统性的道德观念来，所有的价值标准也不能超脱于差序的人伦而存在了。"参见费孝通，同上。

第四章 身 体

理中的普世博爱概念能够成立,与其在哲学观念上预设超越神即上帝的存在不无关联,而墨子"兼爱说"的提出也和他的实际信奉和信仰超出生灵之外的"上帝""鬼神"有着密切的联系。但在立足于人间事务,"敬鬼神而远之"的孔子及其后学那里,"亲近说"所以提出的问题意识和背景恰恰在于,倘若在一个没有超绝性上帝或者也并不特别需要一个超越性的上帝概念的国度里,一个好的、具有世俗之爱的人间生活、社会生活如何可能?应当说,这个问题意识与问题背景即使在当今的中国也并没有完全消失。而以往2000多年的中国思想和社会发展中儒家"亲近说"被接纳为思想主流的实际历史,至少向我们表明了儒家"亲近说"所体现的"实用理性"与"历史理性"的强大。第二,在我看来,费孝通的批评在某种程度上是建立在对儒家仁爱"亲近说"的传统误解之上的,而这一误解,恰恰就是忽略了儒家身体观的精华,以及由此而来的对儒家伦理学本性的恰当理解。如前所述,费孝通批评的核心在于指责儒家的仁爱"亲近""推不出序"。首先,关于"推"的概念。严格说来,儒家的"亲近说"所包含的"推爱"概念不能混同于现代自然科学和社会科学中的"推理"概念。后者讲的是以逻辑概念的"推进""推理""推论""推导",隐含有很强的线性时空的先见在里面,而儒家所讲乃是"设身处地""将心比心"式的有机身体间的传导与共鸣,大概这才是孟子所说的"善推"之要义。这也就是说,"爱"更像是一种非线性的、弥漫性的身体感动、情感关怀和人心包容。因此,"爱"就其本性而言,也许就是不需"推"的,它应该更是一种在互感互动中的相互"影""响","唱""和",并在这种影、响、唱、和之中引起共鸣,荡漾开去的过程,这里或许不像是出于实现某种世俗目的的推波助澜,而倒更像是自然而然的天籁妙音,竽瑟相和,盘旋绕梁,余韵久远。这里牵涉到对儒家伦理学的本性的理解,究竟是"规则"

"规范"伦理学,还是"德性""示范"伦理学。如果是后者,那么,"推"不推得,以及"推"得远不远,出不出序,大概就不是那么重要的事情。① 因此,儒家"亲近说"首先是一个德性化育的学说,而在后来儒家的发展过程中才渗入较多政治哲学的成分。倘若我们将之与政治哲学的概念完全混淆起来,尤其是试图将之视为一个现代政治哲学意义上的概念,那就必然会陷入"泛道德主义"的困境。② 其次,关于"差序"的概念。儒家"亲近说"以身体亲爱作为出发点,由于身体的有限性,当然就包含有作为"限定"的"差序"意义在内。但另一方面,儒家的"身体"又是"关联体""有机体""活体""生命体",不是无头无绪、无血无肉、无情无性的"物体"。所以,这个身体的"差序"不是死板固定的大小"限""界",而是使得上面所说的那既有方(序)又无(限)界的"身体域"成为可能的条件。

---

① 关于这一点,石元康教授曾有过非常精辟的见解。按照石元康的说法,现代人认为"道德问题也仅限于利害冲突所发生的问题。……儒家的伦理思想就这个意义上讲,完全不是现代的。……儒家的伦理思想,基本上把道德视为一种人格培养的活动"。参见石元康:"两种道德观——试论儒家伦理的形态",载于石元康:《从中国文化到现代性:典范转移?》,北京:三联书店,第 116—117 页。

② 例如,今天人们在"以德治国"还是"依法治国"之间的困惑,体现出对儒家学说本性理解上的缺失。

第五章 自 我

第1节 儒家伦理存在论的三个"自我"概念

无论是在西方的欧洲还是在东亚的中国,道德哲学大多都从对"自我"这一概念的理解开始。① 就存在论的层面而言,对诸如"我是什么?"以及"我怎样成为我自己?"这样的问题的不同回答,往往引导我们走向不同模式的道德生活,即引向对"我应当怎样生活?"这一伦理学的核心问题的不同回答。在本章中,我想首先讨论一下当代儒学学者关于"自我"与其周遭他者之间的关系的三种主要理解模式以及由此而来的三种"自我"的概念。我将儒家关于"自我"的三种观念分别称为"普遍主义的自我""有机体主义的自我"和"关系性的自我"。本文将指出,上述所有这三种在当今儒家思想中流行的"自我"观念,或多或少地受到西方现代以来的形而上学自我概念的影响,有些可以说简直就是其翻版,另一些则可以说是难逃其阴影的纠缠。因此,这些概念大概很难帮助我们真正理解儒家自我概念的独特性与真正价值。其次,我将通过对汉字在历史上"系谱学的"生成过程的考察和类比,提出一种新型的、和以往学者对儒家自我概念的理解都不同的概念,即"系谱学的自我"概念。我的结论是:系谱学的自我概念应当比前面讨论的其他

---

① 哲学中的"自我"概念可以从不同的角度来探究,在本文中主要指道德自我。

几种自我概念的理解模式都更深地植根于中国的社会、文化和语言学的传统中。而且,这一系谱学的自我概念将会有助于我们把儒家伦理在本质上理解为一种共同体式的和示范性的伦理,而不是某种绝对个人主义式的和律令性的伦理。

我们知道,儒家的自我从来都不应被理解为一个个孤立的、原子式的存在,即一种绝对自由的、抽象无拘的个体。这也就是说,从儒家的角度看,一个自我不能也不应以这种或那种方式切断它与其周围的他人,以及与其历史的、社会的和文化背景的环境的联系,这大概是多数现代学者普遍接受的一种观点。所以,本文不打算就这一论点进行论辩,而是从这一立场出发来提出问题。现在的问题是,假设一个作为个体的自我必须从其周围的他人及其周遭,从其之前、之后的历史、文化、社会环境中认明和认证自身,那么,这种自我与他者的关系在儒家的眼中究竟是怎样的呢?换句话说,儒家的"自我"究竟是如何或者以何种方式,从与它之外的"他者"的关系中得出"自身"的呢?要回答上述问题,我们应当首先讨论一下目前在当代的儒家学者中流行的关于"自我"概念的三种基本理论和模式。

第2节 "一与多"的模式和普遍主义的自我概念

当代儒家学者关于"自我"的第一个模式乃是"一与多"的模式,它所依据的自我概念又可被称为"普遍主义的自我"。这种普遍主义自我的真实性不是从自身得到,而是从某种"终极的"和"普遍的"作为"一"的东西那里得来。当我们说这种"一"是"终极的",是在其不能被还原为宇宙中任何特殊事物的存在意义上而言的。当说它是"普遍的",是说它作为"终极的""超越的""一"同时被

第五章 自 我

"多",即每一单个事物所分有,即说它内在于作为"多"的每一单个事物之中。

在现代儒家学者中,冯友兰先生(1895—1990)关于自我的观点或可被视为是最接近上述观点的。沿循宋明理学的说法,冯友兰把这个普遍的、超越性的"一"称作为"太极"或"天理"。显然,在冯友兰的这一具有终极普遍性的天理概念里,有着西方哲学中柏拉图"善的理念"的影子。① 冯友兰也把他的这一阐释看作是对宋儒,尤其是对程朱理学在当今时代的历史延续,或在新历史条件下的现实性发展。按照冯友兰的观点,整个宋儒的理论体系都是奠基在上述的"一与多"的形而上学之上。这种形而上学认为每一个体性的自我都应当从那被称为"天理"或"道"或"太极"的一般原理中获得和确证自身。这一学说在宋明理学中的最著名代表当数朱熹(1130—1200)。例如,朱熹曾经这样用他的"一与多"的形而上学模式,来描绘作为"天理"的"太极"与作为个体存在的万事万物之间的关系。朱熹说,

> 物物有一太极。……总天地万物之理,便是太极。②

朱熹还说,

> 无极,只是极至,更无去处了,至高至妙,至精至神,是没去处。③

这样,我们从朱熹那里获得了关于理或太极的双重特征。首

---

① 冯友兰:《中国哲学史》,上海:华东师范大学出版社,2011年。Yu-Lan Fung, A History of Chinese Philosophy, Vol. 2: The Period of Classical Learning, trans. Derk Bodde, Princeton: Princeton University Press, 1983, p. 537.
② 朱熹:《朱子语类》,黎清德编,北京:中华书局,1994年,卷94、68。
③ 同上书,卷94。

先,它是作为一个整体的宇宙之理的总和,不能被还原为任何具体而特殊的个别存在。它是永恒的、无形的、不变的,并且总是善的。其次,它同时内在于每一类事物的个别实例中。它是产生和再生所有具体存在着的存在事物的,即众多的、现象的、物理的、易逝的和可变的存在者的构成性原理。相比之下,众多存在着的存在物是善和恶的混合物。宋儒的这一关于"一和多"的形而上学在道德上的应用,就是关于"天地之性"与"气质之性",或者说"天理"和"人欲"之间的区别的学说。作为"天理"的前者是单一的、普遍的、无形的并永远是善的,而作为"人欲"的后者是多数的、单个的、有形的,并且就其本性而言是恶的或者杂合的。对于任何存在着的个别事物而言,某种普遍的"理"已经内在于它之中了。正是这个"理"使得个别事物是其所是,并且构成起其本性。同样,像其他事物一样,人在其自然生存过程中也有其"理",那就是人性的"理",它使得我们每个人都有知善并且有行善、从善的可能。然而,一个人的自我不仅有"天理"或"道"成分,而且也还是"气"或"器"的体现。也就是说,我们每个人都是在这个具体的、物理世界中的特殊而有形体的存在。对所有人来说,理都是相同的,但不同的气使他们区别开来。气有清浊之别,人有善恶之分,这就是朱熹的"气禀说"。朱熹用这一理论来解释为什么我们在生活中会有恶存在,

> 有是理而后有是气,有是气则必有是理。但禀气之清者,为圣为贤,如宝珠在清冷水中。禀气之浊者,为愚为不肖,如珠在浊水中。①

按照朱熹的说法,天理和人欲之间的关系似乎水火不容,就其本性而言不能被交织和混合在一起。因此道德学习或自我修养的

---

① 朱熹:《朱子语类》,黎清德编,北京:中华书局,1994年,卷4。

第五章　自　我

任务就成为"存天理,去人欲"①。

从与朱熹所持的"一与多"形而上学的同一个立足点出发,冯友兰得出了相似的道德自我概念。在其著作《新原人》中,冯友兰依据这一自我概念,将人生的境界划分为四个等级。它们是自然境界、功利境界、道德境界和天地境界。按照冯友兰的说法,这四个境界分别代表人们如何实现和达到其真正自我的四个层次或等级,前两个境界属于"是"的世界,而后两个境界则属于"应是"的世界:

> 前两者是自然的产物,而后两者是精神的创造。自然境界最低,其次是功利境界,然后是道德境界,最后是天地境界。它们之所以如此,是由于自然境界几乎不需要觉解;功利境界、道德境界需要较多的觉解;天地境界则需要最多的觉解。道德境界有道德价值,天地境界有超道德价值。②

要达到高级的"道德价值"和"超道德价值"的境界,人们一方面必须抛弃他或她的自发的和个人的自我,因为后者是自然的、部分性的和非智性的。另一方面,人们也应当同时认识到社会和宇宙作为一个整体,是任何一个单一自我的存在根基和价值源泉。

> 最后,一个人可能了解到超乎社会整体之上,还有一个更大的整体,即宇宙。他不仅是社会的一员,同时还是宇宙的一员。他是社会组织的公民,同时还是孟子所说的"天民"。有这种觉解,他就为宇宙的利益而做各种事。他了解他所做的事的意义,自觉他正在做他所做的事。这种觉解为他构成了

---

① 朱熹:《朱子语类》,黎清德编,北京:中华书局,1994年,卷12、13。
② 参见 Fung, *A Short History of Chinese Philosophy*, p.339。

最高的人生境界,就是我所说的天地境界。①

在我看来,朱熹和冯友兰上述的对人的道德自我的见解,显示出程朱理学以"一与多"的形而上学为基石的"自我"理论的严重局限。首先,他们假定了一个超越②个体人的实体性的存在。他们称之为天理或普遍性整体,并且在缺乏严密论证的情况下,就授予这个超越于人间与自然世界的"理"以绝对的存在论和道德论上的优先性。其次,这一理论也假定了一个不同自我间的等级次序,和一种在个体自我和普遍自我之间,或者说在"大我"与"小我"之间的对立关系。尽管朱熹和冯友兰都强调了儒家自我概念的关系性的和整体性的特征,但他们显然都忽略甚至压制了这一自我的独特性和个体性。而对这种独特性和个体性,儒家本来并不必然要从其自我的观念中排除掉的。③ 显而易见,这种以"一与多"的二分为特征的自我形而上学的真正核心是作为超越性、普遍性的一。只有"一"才是根据,才是本质性的和最真实的。现在我们知道,这种理论与西来佛学中的真实/幻象的二元模式乃至希腊哲学家柏拉图的存在/现象、知识/意见的二元模式十分相像,可以称之为其在中国哲学中的变形。将这一理论推至极端,就会得出如下的结论:由万事万物组成的现象世界,就其本质而言,或者是一个无生命的数字的、机械的物质世界,或者是一个变动不拘的、幻象的世界。存在于这一世界里的众多事物乃至芸芸众生,不具有或者缺乏真

---

① 参见 Fung, *A Short History of Chinese Philosophy*, p.339。
② 尽管这一"超越"和传统西方基督教意义上的"超越"有所不同,但当受过西方哲学教育和训练的冯友兰解释朱熹思想时,无疑受到当时柏拉图主义新实在论的影响。
③ 杜维明先生在其 *Confucian Thought: Selfhood as Creative Transformation* (Albany: SUNY Press, 1985)一书中曾对这个问题有过出色的讨论。

实性。因此,这一现象世界具有很少的甚至没有真正的意义和价值。这一现象世界的形形色色的自我之所以存在的原因,仅仅在于它作为那真实自我的"摹本",或者用佛家的以及后来朱熹沿用的比喻,是那用来"映照"天上那唯一的、真正的"月亮"的"万川之月"而已。按照这种理解,在"一与多"模式下所达到的自我,不可能是一个我们生活世界中时时见到的真实的"你""我""他"。它毋宁是"水中月""镜里花",是一个"无我"的"自我"或者是一个"被消除了自身"的"自我"。

第 3 节 "部分与整体"的模式与有机体主义的自我概念

与在"普遍性的自我概念"背后的"一与多"的形而上学相对照,第二种可称之为具有"部分－整体"模式的有机体的形而上学观念。依照这种观念,宇宙应当被视为一个巨大的有机的整体,就像是一活生生的生物体。在这个巨大生物体中,包括我自己在内的所有个别存在物,都被置入不同的位置并扮演不同的角色,他们因此就不再是淡漠无情的或抽象的,不再仅仅作为普遍性形式的或天理的实例而存在。他们毋宁是整个有机体整体的诸部分或成分。这些占据着不同位置并承担着不同角色的个体,是互相依赖且相互关联着的,他们共同服务于整个有机体发展的目的论目标,并分担着整体的共同命运。

许多当代学者在理解和解释儒家以及东亚思想中的自我观念时,似乎也都很喜欢采用这个有机宇宙论的形而上学模式。例如作为当代最伟大的汉学家之一的李约瑟先生(Joseph Needham)就在其著名的《中国科技与文明》一书中指出,以宋明理学为代表的

儒家哲学传统,在本质上植基于一个有机体的模式:

> 就其本质而言,宋明理学所达到的是一种宇宙的有机观。宇宙是一个由物质—能量组成的并受有机体的普遍原理所支配的东西。尽管这个宇宙既不由任何拟人化的神灵创造也不为其所支配,但它完全是实实在在的,并且,它拥有着某种显现人类最高价值(爱、公正、奉献等)的特质。当存在物的一体化水准达到足够高之际,这些价值就会显现出来。①

当代新儒家第三代的著名代表人物,曾任教哈佛大学多年的杜维明教授也认为:"……对宇宙的理解的适当比喻应当是生物学而非物理学。"②与冯友兰不同,杜维明说道:

> 关键不在于某种永恒的、静态的结构而在于那成长着、转换着的动态的过程。当我们说宇宙是某种连续体并且其所有的组成部分都是内在的交互联系在一起的,我们也就是在说宇宙是一有机的统一体,在各个复杂性的层次上整体性地统一着。③

尽管李约瑟与杜维明都将我们生活于其中的周围世界与周遭宇宙万物视为一个有机的统一整体,而且这一观点同时也暗含有对冯友兰和朱熹"理"学式的或柏拉图式的宇宙观的批评,但他们实际上并未能真正远离宋儒的传统。相反,这个观念可以溯源到宋代儒学的张载(1020—1077)、程颢(1032—1085),明代儒学的王

---

① 参见 Joseph Needham, *Science and Civilization in China*, Cambridge: Cambridge Univ. Press, 1956, v.2, p.412。
② 参见 Tu Wei-ming, *Confucian Thought: Selfhood as Creative Transformation*, p.39。
③ 同上。

第五章 自 我

阳明(1472—1528)。众所周知,和程颐、朱熹一样,他们都是宋明理学的奠基性人物和最重要的哲学家。例如,程颢说:

> 医书言手足痿痹为不仁。此言最善名状。仁者以天地万物为一体,莫非己也,认得为己,何所不至? 若不有诸己,自不与己相干。如手足之不仁,气已不贯,皆不属己。①

张载在其著名的《西铭》中也有类似的说法:

> 乾称父,地称母,予兹藐焉,乃混然中处。故天地之塞,吾其体;天地之帅,吾其性。民吾同胞,物吾与也。②

实际上,人的自我与宇宙万物一体的观念甚至在张载和程颢那里算不上是什么太新的观念。往前溯,这一传统在哲学上甚至可以追回到先秦儒家的孟子,以及道家的庄子,而后经张载、程颢,再延伸至王阳明的心学。宋明诸家诸派之间如果有区别,也仅只在于他们对那使得宇宙万物成为一个统一整体的主要元素和力量的理解不同罢了。对张载而言,这个元素是"气",即在宇宙中永久地融合和混合的原初的生命力,而在程颢那里这个元素是"生",即自发的和自然的生命的原理。与张载和程颢不同,王阳明把这个基本的元素称作为"心"或"良知",并把它阐释为被世界中的一切人和一切物所分有的先天道德心,用王阳明自己的话说就是:

> ……能以天地万物为一体也,非意之也,其心之仁本若是,其与天地万物而为一也。……是故见孺子之入井,而必有怵惕恻隐之心,是其仁与孺子而为一体也。……见鸟兽之哀

---

① 程颢:《河南程氏遗书》卷2上。参见《二程集》,王孝鱼点校,第一册,北京:中华书局,2004年,第15页。
② 参见张载:《张载集》,《正蒙·乾称第十七》,章锡琛点校,北京:中华书局,1978年。

鸣觳觫而必有不忍之心焉。……见草木之摧折,而必有悯恤之心焉。……是乃根于天命之性,而自然灵昭不昧者也。是故谓之明德。①

然而,当王阳明讨论心的真正本性之时,他似乎又受到了佛家之区分作为身体的心和作为精神的心的二元论形而上学的影响。由此,王阳明最后得出了一个与朱熹的关于天理和人欲之辨的结论相类似的观点:

谓人者何?心之官也。谓心者何?人之神明之主也。②

因此,所谓恶乃是我们让先天所有的道德心被肉体的自我欲望所"唤起"和"蒙蔽"的结果:

一有私欲之蔽,则虽大人之心,而其分隔隘陋,犹小人矣。故夫为大人之学者,亦唯去其私欲之蔽,以自明其明德,复其天地万物一体之本然而已耳。③

通过将宇宙整体"还原"为"我心",即作为宇宙整体之特殊的和最基本的部分的"我"之最原初的道德心,王阳明这里实质上已经超出了在张载和程颢那里所预设的"部分－整体"的形而上学模式。在某种程度上,王阳明更像是回到了程朱理学所阐发的"一与多"模式。不同的地方不过在于,这里的"一"已不再是外部的、超越人性的"天理",而是在我自身中的人性的和内在的人心。这种对真正自我的理解就把在哲学上为道德奠基的注意力,从外在的权威转回内在的和原初的道德意识,并因此把道德评价和判断的

---

① 参见王守仁:《王阳明全集》,吴光等编,上海:上海古籍出版社,2011年。卷26续编。
② 同上。
③ 同上。

第五章 自 我

能力放回到我们自己的手中。我们每一个人在生活的不同境况下往往扮演着不同的社会角色,而这些形形色色的社会角色乃是我们的全部生活本身。与这些社会生活角色相应,我们有着不同的生活职责和道德本分。于是,做一个有道德的人,就是去履行那使我成之为我的道德本分。这也就是说,道德并非源于某些外在于我的什么东西。毋宁说,只要我是一个人,道德就应当是来自我自身深层和原初之心的基本要求。此外,道德也不再是那些干巴巴的、固定不变的、静态的道理、律令或法则,它首先是每个个人生长、成长的活生生的道路。这样的生长、成长过程,一方面要求个人作为其不可分割的部分听命于、服从于个体存于其中,并赖以生成的有机整体。另一方面,正是以这种方式,有机整体本身才能在其自然之道中持续地实现自身、延续自身和发展自身。

然而,一个有机体整体就其本性而言是目的论式的,并因此才能是整体性的。这样,它首先就假定了整体的各组成部分之间的相关关系是内在的、预设的和必须的。其次,它假定了这个整体的所有组成部分都是不可分割和不可替代的,但却是为了这个有机体的整体性之故而存在和持存。它们有一个共同的命运,或者说为某个作为整体的有机体的生长"目标"所支配。因此,有机体主义自我的概念中所具有的反自我性,并不亚于普遍主义自我概念中的反自我性。这也就是说,在上述两种自我的观念中,同样缺乏真正的个体性精神。正如奥托·吉尔克(Otto Gierke)在批判中世纪欧洲关于有机宇宙整体的说法时所批评的那样,自我在这里实际上成了某种"无个体性"的甚至"反个体"的东西:

……由于世界成了唯一的有机体,为唯一的精神所驱动,听任唯一的命运来摆布,这样,显现在这一世界结构中的自身同一原理将再次显现在这一世界的各个部分的结构之中。因此,每一个具体的存在,就其是整体中的一个而言,就是这一世界的一个缩写的副本。①

但是,吉尔克对普遍主义自我概念和有机体主义自我概念中的反个体性质的批评,也同样适用于王阳明以某种"绝对自我"为出发点和特征的"心学"吗?按照王阳明的自我观念,就像我们前面已经讨论过的那样,我的先天道德情感和良知在其包容一切的完满性中与天地万物共成一体。这样,至少从表面上看,王阳明的始于我自身良知的内在性的自我观念,与其说会导向自我否定的理论,还不如说是更会导向自我肯定的理论。然而,对王阳明的自我观念的更进一步的研究表明,王的这种自我肯定只有通过自我净化的方式,即通过对我的肉体的和身体的自我的废弃的方式才能实现。因此,当王阳明主张我与天地万物一体时,他的关注点在于"一"而非"体"。这也即是说,"一体"对王阳明而言并不真正地意味着一个真实的"身体",一个具体的、实在的、有血有肉的身体物。也正因为如此,这一自我不可能允许有真正他人的存在。在这里,"体"的原理被"心"的原理所取代,因为只有"心"才能真正实现"一"和"整体"的价值。正如"心学"之开山陆象山(1139—1193)曾说过的那样:

> 心,一心也;理,一理也,只当归一,精义无二。此心此理,是不容有二。②

---

① 参见 Otto Gierke, *Political Theories of the Middle Ages*, trans. Fred W. Maitland, Cambridge: Cambridge Univ. Press, 1900, p. 9. 在此我转引自 Donald J. Munro ed. *Individualism and Holism: Studies in Confucian and Taoist Values*, Ann Arbor: Univ. of Michigan Press, 1985, p. 23.

② 《陆九渊集》卷一,钟哲点校,北京:中华书局,2008 年,第 4—5 页。

第五章　自　我

由此推论,宇宙即是吾心,吾心即是宇宙也就成为自然而然之理,而自我之心与宇宙之心也成为同一。随着这一替代和同一,儒家的"有机体自我"观念中原本可能包含有的诸如个别性、独特性和他人性等等的特征,就完全地丧失了。所以,以王阳明的"良知"自我为代表的有机体主义的绝对自我概念,虽然高扬自我的绝对性,但这种"自我"由于在本质上排除了异质的"他人"的存在,是一种缺乏"他我"的"自我",因而不可能在我们的日常道德生活实践中真正地建立起来。

第4节　"此与彼"的模式与"关系性"的自我概念

当代学者在讨论儒家的自我观念时所采用的第三种自我概念,可以称之为"关系性的自我"或"相关性的自我"。与源出于"一与多"和"部分与整体"的形而上学模式的"普遍主义自我"以及"有机体主义自我"不同,"关系性自我"奠基于"此与彼"互相关联的模式的基础之上。现代的一些儒家学者受到自然科学研究方法的启发,在重新解释和构造自我概念时采取了一种反形而上学的思路。从一开始,他们就试图在根本上抛弃传统形而上学的整体性观念,无论这个整体是普遍主义的整体,还是有机体主义的整体。这也就是说,一个真正的自我并不具有某个超越的根源或基础。它既不是一个外在超越的自我,也非一个内在超越的自我。不存在一个所谓超越性、整体性的实体这样的东西,存在的只有各个特殊事物,以及特殊个体之间的不同的存在关系或相关关系。恰恰是这些我生活于其中,并且在我的日常生活中我必然要与之打交道的个体间存在性的关系,才可能说明我的"所是"和你的"所是"。

正如曾任香港中文大学校长,著名社会学家金耀基(Ambrose

Y. C. King)教授所指出的那样,在当代的中国学者中,著名的哲学家和社会改革家梁漱溟(1893—1988)先生关于"自我"概念说法可被称为是"关系性自我"的代表。① 在梁漱溟看来,中国的社会生活的重点既非奠基于个人之上也非奠基于社会整体之上,所以,中国文化的"要义"既非个人主义,也非集体主义,而是奠基于关系,尤其是家庭关系之上的关系主义。在其名著《中国文化要义》一书中,梁漱溟这样说道:

> 不把重点固定放在任何一方,而从乎其关系,彼此相交换;其重点实在放在关系上了。伦理本位者,关系本位也。②

显而易见,梁漱溟这里的"关系"概念指向日常中国社会道德生活中显现出的某种既超出"个体性"又超出"整体性"原理的东西。这种奠基于关系性之上的道德生活,既非个体性的、也非整体性的。它们通过汉语中"伦"的概念具体表现出来。按照这一理解,在一个中国人的观念中,所谓个人就是一个在具体的和有差异的关系中,通过与"他人""他物"构建起来的一种关系。"伦"的本质不在于别的,仅只在于特定的个人之间的、有差异的关系。金耀基先生在"儒学中的个体与群体:从关系的角度看"一文中也表达了与梁漱溟基本相同的立场。金耀基说:

> 重要的地方在于,在儒学中尽管群体的概念也被承认,但每个个体倾向于只认同他与群体中的特定个体的道德关系,

---

① 参见 Ambrose Y. C. King, "The Individual and the Group in Confucianism: A Relational Perspective", in Munro ed. *Individualism and Holism: Studies in Confucian and Taoist Values*, p. 63。
② 梁漱溟:《中国文化要义》,见《二十世纪哲学经典文本——中国哲学卷》,徐洪兴主编,上海:复旦大学出版社,1999年,第497页。

| 第五章　自　我 |

而不是与群体本身的道德关系。"伦"只存在于和个体的关系中,而不存在于和群体的关系中。……在这里应当强调的东西是,在这种关系背景中,个人与他人的关系既非独立、也非依赖而是相互依赖着的。①

受美国实用主义哲学家杜威(John Dewey)和米德(George H. Mead)以及怀特海(Whitehead)的影响,已故的美国德州大学郝大维教授(David Hall)和夏威夷大学的安乐哲教授(Roger Ames)也得出了相近于梁漱溟和金耀基通过其对中国人的社会道德生活的考察而得出的结论。在郝大维与安乐哲合著的《孔子思微》中,儒家的"关系性自我"借助于某种"场与聚焦"的全相衍生模式(hologrammatic model)表达出来。

按照郝大维与安乐哲的说法,

　　一个个体是一个既被某个背景或场域界定,而同时又界定这一背景或场域的一个聚焦。它是全相衍生的,这也就是说,它是如此地被构造起来,以至于每一个有分别的部分都蕴涵着那勾联着的整体。②

此外,并不存在着什么包含和支配所有聚焦的单一背景或完满整体。总体不过就是诸特殊聚焦的整个区域范围而已,而且每个聚焦都有其自身的区域。

　　不同的聚焦意味着不同的整体。……不同的聚焦之间的关系通过每一聚焦贡献于总体的不同来得到界定。而从其各

---

① King,参见 Munro ed. *Individualism and Holism: Studies in Confucian and Taoist Values*, p. 61。

② David Hall and Roger Ames, *Thinking Through Confucius*, Albany: SUNY Press, 1987, p. 238.

个不同的特征表现中抽象而来的总体性本身,仅仅是由不同的聚焦所规定的所有层次的叠加总和而已。①

当梁漱溟、金耀基、郝大维和安乐哲强调儒家的自我观念的本质既不是个体性的也不是整体性的,而只是关系性的或相关性的时候,我认为这无疑已经触及到了儒学的乃至整个中国文化的最深层的根基处。与前面所讨论的"普遍性自我"概念和"有机体主义的自我"概念相比较,"关系性自我"的概念在哲学上大概具有三个方面的优越性。首先,如果一个自我究其本性而言就是关系性的或相关性的,它势必就具有某种多元性的特征。换句话说,一个关系性的自我不可能是一孤单的自我。它自身的存在就存在论地预设了某些他人自我的存在。所以,"他人"的特征隐含在关系性自我的概念之中。其次,对"关系性的自我"的理解也蕴含有作用的观念和相互作用的观念。依照这一理解,我们并不仅仅是我们的"是"什么,同时并且可能更重要的是,我们是我们的"做"什么。这样说来,作为一个关系性的和相关性的自我,我不只是消极适应这些或那些被与他人的固定关系所决定的角色,我也能够积极建构自己与他人之间可能的关系类型。这也就是说,在某种程度上我是我自己的和相关的关系网的主人和主宰者。第三,关系性自我的多元的和相互作用的特征也就同时指明关系"总体"的开放性。相互作用的自我不可能接受某种极权主义的整体或有着固定边界的总体。一方面,他们探究多种的和可能相互叠加的"总体",而不是某个完全的"整体"。另一方面,总体绝不是固定不变的。它们总在变化,在时间中生成和消隐。

---

① David Hall and Roger Ames, *Thinking Through Confucius*, Albany: SUNY Press, 1987, p.238.

第五章 自 我

我基本同意将儒家的自我观念的本质理解为是关系性的和相关性的这一观点。我也欣赏隐含在"关系性自我"的观念之中的反传统形而上学的基调。然而,当我面对如何理解这些关系的具体本性的时候,我相信无论梁漱溟、金耀基还是郝大维、安乐哲都未能给我们提供出一个真正的、令人满意的对于儒家自我的说法。在梁漱溟和金耀基那里,主要问题在于他们对关系性自我或相关性自我的理解似乎或者太一般、太笼统,以至于模糊;或者太狭窄,以至于受局限。具体来说,尽管他们指出了儒家的自我观念植基于关系,尤其是家庭伦常关系之上,他们还试图说明一个自我与他人的关系既非依赖的也非独立的,而是互相依靠的,但两人似乎都没能进一步告诉我们,这一关系如何能注入一种道德的内容。这也就是说,人的自我在一种普泛的或者自然的关系背景中,究竟如何相互依靠以及为什么应当如此?从某个更宽广的意义上来理解,"普遍主义自我"和"有机体主义自我"似乎均可以被视为是"关系性自我"的不同模式。它们之间的不同之处仅仅在于"普遍主义自我"强调一种逻辑学的关系,而"有机体主义自我"则注重于一种目的论的关系而已。通过借用"场与聚焦"的模式,郝大维和安乐哲的确试图给出一个关于某种独特的、现代科学意义上的关系的具体描述。然而,在我看来,"场与聚焦"的观念本身多少有些远离了儒家的传统,因而它不能获得儒家自我观念的某些本质特征。例如,当我们使用从现代物理学那里借来的术语"聚焦""场"和"全相衍射"的时候,我们就预设了以某种反基础主义和反形而上学的方式来理解这一关系的倾向。这个观念或许更接近于实用主义的,甚至在某种意义上道家、佛家关于自我的描述,而不是更接近儒家的。正如我们所知道,当一个儒者思考并谈及某人于其中认明、认证他自身的周遭关系之际,他通常所意指的不是别的,而只是那些处于你我之间的、具体和实际的人际关系。这些关系,不仅有在"空间上的"相互位置关系,更有在"时间上的"历史传承关系。所以,绝对地反基础主义,反"形而上学"的现代"科学"倾向,并不能真正说明儒家"道德自我"的立场。关系对于儒家来说,的确非常重要,但使关系成为可能的各式各样的人,以及他或她所带着的具体历史、文化背景,并不能因此就被简单地还原为关系,或者说因此就丧失在关系之中。这也就是说,离开了构成种种关系的具体的人和事,"关系"就会成为空洞的和虚无缥缈的。因此,儒家不是仅仅认为人的自我是关系性的或人际间的自我。而且更为重要的是,自我更是一种属人的、人际间的和历史性的存在。所以,只有强调人历史的、社会的和共同体的关系的属人本性,才可能帮助我们真正理解儒家的"关系性自我"概念的历史性、差序性和身体性等等特征。

第5节　汉字生成的谱系与系谱学的自我概念

在这里,我想提出一个对儒家的"自我"概念的不同理解,并将之称为"系谱学的自我"。"系谱学"这一术语,一般是指对一个巨大而延续的家族中,不同世代的不同成员,在其历史演化过程中的血缘关系之研究。同时,我们也用这一术语指称对语词的"家族关系"词源学的研究,或者用著名汉学家高本汉(B. Karlgren)的话来说,这是一项对"语词的家系"的研究。[①] 在汉语中我们往往称前者为家谱分析,后者为文字孳乳研究。鉴于已有许多学者讨论传统

---

① B. Karlgren, "Word Families in Chinese", in *Bulletin of the Museum of Far Eastern Antiquities*, 5 (1934).

| 第五章　自　我 |

的中国家族结构和传承过程,在理解中国政治和道德文化的深层结构中的重要作用,我想将我的讨论集中在汉语文字的生成和演进的系谱学方面。通过这一讨论,我将试图提出一个假设,即汉语文字的生成和衍化的系谱学过程,也许可以帮助我们更好地理解和回答,在中国的儒家传统文化中,一个个体是如何在现实的和历史的生活实践中生成和建构起道德自我的。这种系谱学式的道德自我的生成衍化方式,正是我所说的儒家示范性伦理学的基本特征之一。

我们知道,在中国历史上,对汉语文字的生成和演进方式的研究很早就开始了。在《说文解字》这部大约在2000年前就编纂成的、属于最古老的汉语词典之一的名著中,许慎(58—147)总结了六种传统的汉字构成和演进的方式,史称六书。按照瑞典汉学家马悦然(G. Malmqvist)的说法,六书的逻辑顺序应当是:①

1. 象形,即用图形描摹实物的形状。
2. 指事,即用符号指称抽象概念。
3. 会意,即象形和指事的综合。
4. 形声,即一个"形旁"用以说明字的语义,加上一个"声旁"用以指明字的声音。
5. 假借,即由于音近而被借来用作指称在语义上本来无关

---

① Goeran Malmqvist "Chinese Linguistics" in Giulio Lepschy, ed. *History of Linguistics*, vol. 1: *The Eastern Traditions of Linguistics*, London: Longman, 1994, pp.1—24. 我从关子尹先生那里转引这一观点。在此感谢关子尹先生赠阅文章 "Wilhelm von Humboldt on the Chinese Language: Interpretation and Reconstruction", in *The Journal of Chinese Linguistics*, vol. 29, No. 2, 2001, pp. 169—242. 还可参见,关子尹的《中国语言的构造:一个胡姆鲍斯特的视角》,载关子尹:《从哲学的观点看》,台北:东大出版社,1994年,第269—340页。《说文解字》中六书的原来顺序是:1.指事,2.象形,3.形声,4.会意,5.转注,6.假借。

的字。

6. 转注，即字和字之间的语义关联通过字形上的细微的变动来表征。

北宋初年的著名文字学家徐階将许慎六书又分为三组，称之为"六书三耦"。第一组为象形和指事，其根本特征为"象"。前者描绘具体的物象，后者描述抽象的观念。例如，"日"字和"月"字为象形，而"上"字和"下"字则为指事。显然，这是汉字生成的最早和最原始的阶段所采用的方式，以这种方式形成的汉字又被称为"文"或"独体"。

会意和形声属于第二组，其根本特征在于"合"。因此，以这种方式生成的汉字也被称作"字"或"合体"。例如，指事字"林"是两个木字之合，而"森"则是三木之合。形声字，如同字名所言，由两个基本部分组成，一个代表字音，另一个则代表字义。例如，"江"这个字的古音作"工"，它就是表明"水"的义符和表明"工"的声旁结合的产物。在这一组中，另一个有趣的例子是"魔"字。"魔"字来源于梵文的"mara"，意思是佛教中指的恶魔。当我们中国人第一次在佛教经文中看到这一术语时，我们用另一个汉字"磨"来翻译它，因为"磨"与梵文中的"mara"读音相近。尽管"磨"与"mara"发音相近，但汉字"磨"即磨石的意思，根本与字义为"恶魔"的"mara"无关。"磨"由两个汉字，即"麻"和"石"构成的。按照汉字生成的传统方式，梁武帝萧衍（502—547）建议用"鬼"字来代"磨"中的"石"字，但仍保持与"磨"相同的读音。这是一个汉语中形声字生成的典型例子。这一新的"魔"字保留了原有的发音，但却用"鬼"旁来指称"mara"原有的语义。

与前四个范畴相比，最后两个范畴，即假借和转注，则是在前四个范畴基础上的"变化"和"引申"。这两个范畴的真正意思，二

| 第五章　自　我 |

者之间的区别以及在汉字生成过程中的作用,历史上一直颇多争议。① 不过,在我看来,假借和转注中的基本意思还是比较简单的。让我们首先来看"假借"。在《说文解字》中,许慎指出,"假借"有两个主要特征。第一,"本无其字",第二,"依声托事"。这也就是说,用来表达此一意义的汉字原本并不存在,所以必须"借用"一个同音字来表达相同的意思。假借的最好的例子,也许可以在被翻译成汉语的古老的外来词中找到。例如,汉字"师"在古汉语中原来指的是"师旅"或"老师"。后来它也指"狮"。但在古代中国,中原原本没有狮子。我们中国人应该是在汉朝之后才知道有狮子,那时狮子被西域人作为献给中国皇帝的一种礼物。由于"狮"在西域中发作"sei"或"si",我们中国人借用同音的"师"来代替它。② 在现代汉语中,其他更有名的例子如"坦克"对应英文的"tank","沙发"对应英文的"sofa"等等。

如果我们说"假借"的本质特征是与声音相关,那么"转注"的本质特征就应是与词义相关。许慎对"转注"的界定中也有两个重要的概念。按照许慎的说法,"转注"就是"建类一首,同意相受"。这用今天的话来说就是,从"一"开始建立部首或形类,这样,有相同(近)含义的汉字可以相互关联起来。在许慎的界定中,第一个

---

① 清代学者称前四个范畴为"造字之法",而最后两个范畴为"用字之法"。这种说法可能使人误解。正如章太炎所说:"'转注'和'假借'是汉字形成的真正原则。尽管人们后来也称'同训'为'转注',它与六书中的转注并不是同一个东西。同样地,人们也称'假借'为'同声同义',它也不是六书中的'假借'"。见章太炎:《国故论衡》,卷 A。这也就是说,"假借"和"转注"的价值和重要性决不会比位于它们前面的四种方式为小。也许正像孙雍长先生指出的那样,"转注"在更宽泛的意义上是汉字形成中的"最有成效的方式",见孙雍长的《转注论》(长沙:岳麓社,1991 年),第 69 页。关于这一问题,关子尹在上面提到的文章中也有卓见。

② 参见裘锡圭:《文字学概要》,北京:商务印书馆,1988,第 154 页。

重要的概念是"类"。按照高明先生的解释,"类"这里应当指形类。① 例如,许慎的《说文解字》共收入当时常用的 9353 个汉字。许慎将之归为 540 个形类或部首。这就是许慎所讲的"据形系联,引而申之"和"立一为端,毕终于亥"。许慎的这两句话译成现代汉语的讲法就是,所有汉字都相互关联,我们可以按照它们的形旁,从其他字中将之产生或引申出来。汉字的分类肇始于部首"一",而终止于部首"亥"。许慎"转注"概念中的第二个重要观念是"同意"(有相同[近]的意义)。这也就意味着,在同一类字族中,大多数汉字的相互关联,在本质上都奠基于语义学之中。正是这些相互关联着的语义联系之网,才使得汉语中的核心字或根本字可以将其意义引申和繁衍开来。

尽管高明的解释可能更适合说明许慎在《说文》中将汉字如何分类的方式,但若用这一解释同时来说明古代汉字的真正起源就显得不太适当了。正如许多学者已经指出的那样,自清代以来,学界已有共识认为,汉字生成的最古老的方式应当基于声类,而不是形类。② 例如,章太炎先生就曾经指出,许慎在《说文》中所依据的"类"应当基于字音而不是字形。与章太炎的说法相比较,高明对许慎《说文》的结构本身的解释也许更为中肯。但是,《说文》一书的编撰、排列结构次序与古代汉字本身的生成,延展的道路、次序并不能保证一定就是合一的。章太炎对《说文》的解释也许有误,但他对上古汉字的生成和孳乳方式的见解显然却是更为妥帖的。当代有一些学者指出,在许慎生活的时代,汉字生成的主要方式,

---

① 参见高明:《高明小学论丛》,台北:黎明文化,1978 年,第 158—159 页。
② 最有名的学说是"右文说"。这一说法的传统可以追溯到北宋的王圣美。此说在清代和民国初年的学者如王念孙、王引之、朱骏声、杨树达和沈兼士那里,得到了充分的发展。与此相应的另一说法是章太炎的"初文说"。

第五章 自　我

正值从以声旁为基础的模式，逐渐转换成以形旁为基础的模式。所以，他的《说文解字》实际上是这种转变的一个结果。① 如果事实真是这样，那么，许慎的以形旁为基础的汉字生成繁衍模式，可能更适合于说明在许慎当时以及以后时代的汉字生成繁衍的情形，但它恐怕就不能很好的解释，在其之前许多上古汉字是如何通过以声旁为基础的"转注"来生成繁衍的情形。如果上述的思路是正确的，我们不妨超出《说文解字》的体系，把以声旁为基础的"转注"和以形旁为基础的"转注"作为历史上两种不同的，但同等重要的汉语文字的生成繁衍方式。这也就是说，我们也许应当在一个更宽泛的意义上来理解"转注"。而且，正像一些学者已经主张的那样，"转注"还不仅应当包括许多"假借"的情形，而且甚至有时包括"会意"范畴以及"形声"范畴的许多情形。② 也正是因为这一点，宽泛意义上的"转注"常常被称为最有力的和最富成果的汉字的生成繁衍途径。

下面让我们从对汉字"卷"以及由"卷"而衍生出来的汉字"家族"的分析出发，来看一个"虚拟性的"、也许是未经严格考证的，但应当符合宽泛意义上的"转注"的基本精神的汉字生成繁衍的例子。这个例子也许可以向我们更好地说明上古汉字如何通过上述"转注"的方式"据形系联，引而申之"。③

"卷"字的原本意义大概是"膝盖弯曲"。以此出发，加上"木"字旁，就生出了"棬"字，原义可能出于木条的卷曲，因而意指曲木制成的盂。当它被加上"虫"字旁时，我们就获得了另一个字"蜷"，

---

① 参见徐通锵：《语言论》，吉林：东北师范大学出版社，1997年。
② 参见朱骏声：《说文通训定声》，北京：古籍文化出版社，1993年；孙雍长：《转注论》。
③ 许慎：《说文解字》，北京：中华书局，1963年，第319页。

意思是指虫的卷曲状。当它被加上"人"字旁时,我们就有了"倦"字,原意为"作罢",例如我们对做某事感到"疲倦"。这在最初可能出于当我们感到疲劳时,身体会卷作一团。这个声旁字"卷"在古汉语中应该是一个重要的根本字。当它除去下半部的"巳"而与"刀"字结合起来,它就意味着一个契约、合同、账单或票据,也就是"券"。将它与"手"字结合起来就是"拳",意思是拳头。把它与"目"结合起来就是"眷",它的意思是"眷顾""不舍"。以相同方式生成的同属"卷"的家系的汉字应当还有不少,这里就不一一枚举了。随着汉语语言文字的发展,尤其是在多音节的复合词取代单音节字而成为产生现代汉语词汇生成繁衍的主要方式之后,那些源出于"卷"字的第二代汉字中的一些字已成为第二代的根本字和核心字。例如,以"卷"字为核心,衍生出书卷、案卷、考卷;以"券"字为核心,有票券、证券、入场券、金圆券等等。和"拳"字相关,有拳头、拳击还有义和拳、拳拳服膺等等。和"眷"相连,有眷念、家眷、眷属等,不一而足。简言之,我们不妨为整个"卷"字的"家系"画一张虚拟系谱图,如下所示:

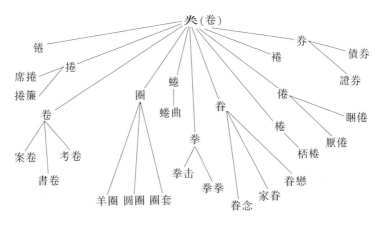

第五章　自　我

第 6 节　儒家的道德自我生成

从上面的汉语中的"卷"字及整个家系的衍生"系谱"的简单描述角度,我们不难看出在一般汉语字词"家系"中,各成员字词之间有怎样的关系以及这些关系的基本特征。借助于汉字系谱学的生成衍化模式,我们不妨将中国社会中以儒家思想为基础的道德生活里的一个个"自我",类比想象为汉语文字系谱中的一个个汉字,这也就是说,将道德生活中的自我的生成衍化系谱,与汉语文字的生成衍化系谱视为具有某种相似性、同构性的东西。这些道德自我的模式,如同汉语文字体系中的一个个汉字,是在几千年的中国历史道德文化生活中生成、演化、繁衍而来。有些还活着,有些已经死去;有些生命力旺盛,活的轰轰烈烈,家系庞大,子孙繁衍甚众;有些虽然历史上也曾风光、茂盛,但如今已是大不如从前,风烛残年,垂垂老矣;还有些则可能是老树新枝,时来运转,家道中兴。当然,道德自我与汉语文字生成衍化的相似性与同构性的说法,乃是一建立在类推基础上的形而上学假设。但倘若我们认同这一假设,那么,对一般汉字生成衍化系谱中的各成员字之间关系的基本特征的分析和讨论,就将可能对我们理解儒家传统中的道德自我概念,以及建立在此自我概念基础之上的儒家示范伦理学有极大的帮助。

首先,从上面关于"卷"字的例子可以看出,同一"家系"中的诸汉字之间的联系和相互关系可能既不是逻辑学的(logical)也不是生理学的(biological),而是类推性的(analogical)。这也就是说,将一个字的整个家系结合在一起,并且使这一家系得以扩展衍生的,既不是分析的也不是综合的力量,它的聚合方式也不一定就是有机体主义的。它们的聚合、衍生和扩展大多建基于偶然的相似性或相近性之上,因此也就建基于我们心灵的类推、想象能力以及这种能力在漫长的历史进程中的积淀结果之上。例如,"蜷"字和"券"字在字义上相差得就很远,但把它们维系在同一个词系中的是"卷"的字义的类推。"蜷"和"倦"也是一样。看一个卷着的虫子,我们会联想到当我们很累时,身体呈弯卷之状,什么都不再想做的境况。汉字生成的这种系谱学方式,可以启发我们来理解中国文化传统中,尤其是儒家传统中的关于道德主体的自我生成过程。我们知道,按照儒家的学习和自我修养的传统,人首先不是一个生物学或生理学的概念,而是一个道德伦理的观念。一方面,人者,仁也。在儒家看来,取义成仁才是人之为人的第一要义和首要目的。另一方面,成仁乃是一过程,儒家传统中既不存在着一个绝对普遍超越的,也不存在着一个目的论的自我概念,这就是为什么"仁"这个字在《论语》中被孔子及其门生谈及了 109 次[①],但没有一次可以被视为是对这一概念的明确界定或规定。相反,《论语》中涉及有德的仁人、圣贤的范例却比比皆是,例如颜渊、管仲、微子、季子、比干、尧和舜、文王和武王、伯夷和叔齐等等。这些仁者圣贤作为儒家的本真道德自我的范例,就如同汉字系谱中的那些核心字、根本字一样,在整个儒家乃至中国传统的道德文化体系中,起着某种建构性的和纲领性的作用。在日常的道德实践过程中,正是依循着、参照着、模仿着这些和那些我们在周围所见所闻的,以往曾经发生,抑或现今也还发生着的,好的和坏的道德榜样,我逐步建构起自己的道德自我和德性,并学会如何进行道德评价。因

---

① 这一统计见杨伯峻:"试论孔子",《论语注释》,北京:中华书局,1980 年,第 16 页。

此,史上才有孔子"著《春秋》而乱臣贼子惧"的说法。孔子还说:"三人行,必有我师""举直错诸枉而诸枉直"。这些都充分揭示出了儒家伦理的示范性的而非规范性的本色,也就是说,伦理道德不是来自于上天,不是由全知全能的神圣造物主预先颁布的超验准则或绝对命令。相反,它是存活于一代又一代人中,通过一个又一个活生生的,在我们前面的道德人物和不道德人物之见证,并体现在道德榜样和道德范例中的东西。除了《论语》和一般儒家经典不断提及的上述那些范例之外,中国历史上著名的道德人物的例子还有屈原、诸葛亮、关公、花木兰、李白、杜甫、六祖惠能、穆桂英、岳飞、文天祥、史可法、林则徐、雷锋等等。当然,也有许多不道德的人生范例被视为做人的警戒,例如暴君夏桀、商纣、秦始皇,奸臣贪官曹操、秦桧、和珅。正是这些道德人生的范例,教育我们做人的道理,引导我们辨别道德伦理生活实践中的应当不应当,是非好坏,善恶忠奸。我以为这大概也就是孔子说"能近取譬,可谓仁之方也"①的真实意义。

  汉字生成衍化的系谱学模式的第二个特点在于,所有汉字都以相互关联、作用并因而相互影响、依赖的方式关联着。在历史生成衍化的漫长进程中,很少有千古不变的字义,很多字根的原本意义在新加入的字的意义的影响下可能被改变。随着新字词的衍生和加入原有的家系,一些新的意思被加入进来,同时,某些旧的意思也会逐渐改变乃至消亡。例如,在"卷"的例子中,这个字的原本意思大概是"膝盖弯曲"。后来这种本源的意思逐渐消亡了,它成为了一个抽象的字根"关",它本身也许并不能独立存在,只有在和其他字合在一起时以字根的形式出现,但保留其基本意思为"卷

---

① 《论语·雍也》,第30章。

起"或"卷曲"。另一个例子则是"权"字。随着诸如"人权""女权""权利""动物权利"等等汉语新词的越来越多的使用,我们正在经历着"权"这一根本字或核心字的原本意思的改变。① 所有这些都表明,一个个汉字的生成衍化方式并不是什么预定的或目的论式的。诚然,每一个汉字的生成衍化都有自己的家系,但这并不意味着全部汉字系统是一个有机的整体大系统,有某个统一的"灵魂"或"精神"来主宰,或由某种最终的目的来导向。这一生成衍化进程完全是敞开的,并且指向未来。没有人可能最终决定哪个汉字将成为未来发展出来的新的"核心字"或"根本字"。新的"核心字"和"根本字"的出现和确立,完全取决于未来汉语语言的时间性、历史性特质和其在生活实践中的运用。由于没有固定的,绝对的和不变的"核心字"或"根本字"作为语言文字的家系的中心,所以任何一个字的字义,甚至根本字的意义也会发生变化,尽管这种变化是缓慢而渐进的。就理论层面而言,一方面没有任何一个字可以是钦定的或命定的"核心字"或"根本字",另一方面也就意味着任何一个字都有可能成为"核心字"或"根本字"。儒家的道德自我的生成衍化过程与这种情况十分相似。每个人道德自我的认定,其实质都在于其对某种道德核心价值的认同。这些道德核心价值的存在及其演化通过一个个具体的道德人生实践中的范例体现出来,而历史范例的持存以及随着人类生存状况的变化而来的新范例的不断涌现,又反过来更新和丰富着道德的核心价值本身。因此,每一个道德自我的意义以及这一意义所蕴含的道德价值,正像文字系谱中的一个个单字,甚至那些将单字系联在一起的"核心

---

① 这一文字意义上的转变也是造成现代中国人在理解"人权""权利"等概念时,经常会发生误解和错解的一个重要原因。

第五章 自 我

字""根本字"所代表的意义一样,并不是什么先天的,固定不变的,而是敞开的,持续生长着的。我们每个人的具体道德生活都有其实际的历史地位和价值,都可以在不同的程度上通过自身各个不同的道德实践为我们生于其中、长于其中的核心价值,增添新的成分与元素。换句话说,正像我应当遵循以往的道德范例,过一种道德的生活一样,我的道德生活本身也可能会为其他人树立起一个或者好的,或者坏的榜样。这里的关系有点像儒家教育理念中的师生关系。按照这一理念,一个老师应该"为人师表",应该是学生的生活中最重要的道德示范之一。但一个好学生也不是那种只知如何亦步亦趋地跟随着老师脚步的人。无论是在文章学问上,还是在道德人生上,他都应该力图超过他的老师,这就是所谓"青出于蓝而胜于蓝"。因此,在生活中,我们每一个人都不仅仅是一个道德途中的跟随者,我们同时也是人生道路上的开辟者。这是由于这一点,孔子才说"人能弘道,非道弘人"①,还说"为仁由己,而由人乎哉?"。②

第三,在整个"卷"字系谱中,我们还可以发现每一个单字都有其独特的位置,并且由于相互之间的相距距离的远近而起着不同的作用。这也就是说,一个字与其系谱中的其他诸字的具体相关关系往往是不同的,有些关系密切而另些则较为松弛,有些是平面的关系而有些为纵深的关系。正如我在前面所言,在整体系谱中并无一个单一的、绝对的中心和模式,我们宁可说整个系谱的系统是由许许多多不同的亚系统参与构成。同理,在我们的日常道德生活实践中,一个人的道德自我的自身理解和自身确证,也更多地

---

① 《论语·卫灵公》,第 29 章。
② 《论语·颜渊》,第 1 章。

是受到一个个的个体在其周遭的亚系统中切近的相关关联之影响,而不是依赖于他或她与其全部整体之关系。因此,这里涉及的就不仅仅是一个平面的"差异相关"的观念,而且还有一个有纵深的"等序相关"的观念。例如,我们可以说在"卷""蜷""倦""拳""春卷""蛋卷"等等相近的字词之间有着较为密切的关系,它们的字义之间也更多地有某种相互依存和依赖的关系。而且,也因此支持着其根本字"卷"的现今意义。但是,"卷"和"券",尤其是和由"券"衍生而来许多现代词汇,例如"证券""票券"之间,这种关系就显得疏远了。它们之间更多的是一个有纵深、有等序的关系。按照这种对汉字生成衍化过程的理解,我们可以在儒家的道德自我生成的传统中发现相近的特征。例如,我自己的道德自我的生成及其变化,更多地大概是取决于与我接近的人或物,诸如,我的父母、我的妻子儿女、兄弟姐妹以及其他的家庭成员、我的朋友、我的师长、我的邻居、我的同事、我的学生、我的故乡、我的国家、我的语言、我的文化等等。这些密切的和切近的关系本来是个人的、身体性的和人际间的。在我和与我周围环境中的他人和他物之间的相互交道、作用和影响的关系实实在在地决定着"我是什么"以及"我如何生活"。也正是这样的一种纵深的"等序相关"关系构成儒家"爱有差等"的道德学说。在我看来,儒家道德传统和学说的存在论根基所依据的,首先是个体身体的和具有相同、相近、相似文化、宗教、历史的人际间的相互作用和影响,而不是什么超越于人之外的普遍化、逻辑化的律令和规则。因此,说儒家道德传统在本质上就是绝对的集体主义和保守的极权主义,因而缺乏个别性、独特性的自我观念,至少是一种片面性和简单的说法。

上面我大致提出和勾画了一个儒家道德传统中"谱系学自我"的观念,并简单讨论了这一观念的基本特征。通过这一新的概念

第五章　自　我

的提出和讨论,我试图引进一种和以往儒学解释不同的道德自我概念。我认为这一模式,与我在本章的前几节讨论过的其他在历史上一直流行的道德自我概念,诸如普遍主义的道德自我概念,有机体主义的道德自我概念,以及关系性的道德自我概念相比,在对儒家道德人生的本质领悟,尤其是对儒家传统道德中某些长期以来遭到忽视、遗忘的成分的重新激活、拓展和创新方面,应该说有着某些难以比拟的优越性。然而,我并不想断言,汉字的系谱学式的生成衍化方式是理解儒家道德自我生成的唯一方式。但我在这里想强调的仅仅是,对汉语文字的系谱学式的生成衍化与儒家的道德自我生成之间的相似性关系的设定、研究和讨论,一定会较大地丰富我们这个时代对本真的儒家自我观念,乃至对儒家伦理学作为范导型的示范伦理之本色的理解。

第六章 本 分

第1节 理解儒家道德的两种语言方式

　　一般说来,伦理规范涉及我们在日常生活中判断自己与他人做人做事的道德价值方式与准则,也就是说,伦理规范往往会告诉我们什么是"好人"或"好的行为",什么是"坏人"或"坏的行为"。而道德形而上学的核心问题,则是对我们道德生活的价值方式与行为准则的存在论基础进行发问,即追问"好之为好""善之为善"的原初根据和发生源头。

　　道德应当与伦理规范的问题,是杨国荣教授在《伦理与存在》、《道论》与《成己与成物》三本书[①]中均列出专章或专节讨论的问题。在这些章节中,杨国荣试图交替使用现代哲学与传统儒家的两种道德语言方式,对上述道德形而上学的核心问题进行阐述。首先,杨国荣按照一般的做法,将规范区分为法律规范与伦理规范。在他看来,无论法律规范还是伦理规范,作为"规定与评价人的活动及存在形态的普遍准则"[②],它们都具有命令式的"必须"与"应当"的形式。它们之间的区别在于,前者更多地具有"强制性"的性质,

---

[①] 参见杨国荣:《伦理与存在——道德哲学研究》,上海:华东师范大学出版社,2009年;《道论》,上海:华东师范大学出版社,2009年;《成己与成物——意义世界的生成》,北京:人民出版社,2010年。

[②] 参见杨国荣:《成己与成物》,第125页。

第六章 本　分

而后者则更多是"引导性"的,且"具有说服的性质"。关于伦理规范的形成和成立,概括地说来,杨国荣大致提出必须符合三个方面的基本条件:第一,伦理规范首先取决于人的行为目的,而行为目的在更深的层次上"涉及人的(价值)需要"。所以,需要就构成了伦理规范的"价值根据"。第二,它们取决于"必然"(现实存在中的法则)与"实然"(对现实存在实况的考虑)之间调和的结果。关于这方面的例子,我们可以举出交通规则的制定。也就是说,我们道德实践生活中的"应当"(当然)="必然"+"实然"。一方面"当然"是由"必然",也就是由我们"各种社会关系内涵的实践义务所决定";另一方面,"实然",即"人的自主抉择与创造性在规范行程中的作用"也不可被忽视。基于这一立场,杨国荣对美国当代哲学家克里丝蒂娜·考丝嘉(Christina Korsgaard)在思考伦理规范之源时,过分强调道德主体的意识反思结构以及反思审查能力的做法,提出异议。但同时,他也对中国传统哲学中的宋儒将伦理等同于天理,将当然等同于必然,"弱化和消解人在规范系统中的自主抉择作用",进行批评。① 在杨国荣看来,正确的做法应当是,"普遍导向与具体制约相互联系,从不同方面赋予规范以现实的力量"。② 第三,伦理规范的形成与成立还取决于"能够",这包括"有能力做""能成功做""被允许做"等等。③

除了使用现代哲学的语言,杨国荣论述的一个主要特点还在于,他同时使用了他所熟悉的传统儒家的语言来阐述上述的立场。在杨看来,儒家的"礼义"学说,"作为普遍规范,……[应当]被理解

---

① 参见杨国荣:《成己与成物》,第135页。
② 参见杨国荣:《道论》,第78页。
③ 杨国荣还提出,伦理规范的形成与成立还是"系统性与非孤立性的",也"具有约定性和偶然性的特点",等等。

为有序共在(群)所以可能的一种担保"。① "作为当然之则,普遍的规范一方面通过正面的引导、要求而使社会成员在生活实践中彼此沟通、协调、合作;另一方面又通过消极意义上的限定,使社会成员的行为不超越自身的原理与义务,从而避免由差异走向冲突,或由冲突走向无序。"② 另一方面,儒家伦理中"立于礼"在形式层面上要求遵循规范的普遍性,这与强调个体的作为"内在意识"的"人性能力"主动创造作用,又有着某种有机的结合。"规范系统在未与人性能力结合时,往往具有抽象的形态,只有通过人性能力的作用,规范形态才获得现实的生命"。杨将儒学中的这两个方面分别命名为伦理规范所以形成的形式因与动力因。③ 用儒学习惯的语言,这种关系分别表现为(1)"心""理"关系:心一方面受到理的制约、规范(规范的内化),另一方面,心也作用于理,对理发生影响。这种相互作用通过内在意识/道德情感例如"敬重""羞恶"发生,在孟子那里体现为"义"的内在性。(2)"经""权"关系:"经"所强调的是原则的普遍性和确定性,而"权"则含有灵活变通之意。中国哲学家们在要求"反(返)经"的同时,又反对"无权"。更应值得注意的是,在中国哲学那里,经与权的互动,总是与个体及其内在意识交织在一起。④

第 2 节　作为普遍必然律的道德规范在实践中的两难困境

这里,杨国荣教授所采用的笔法大概是让我们先承认,人类社

---

① 参见杨国荣:《成己与成物》,第 146 页。
② 同上。
③ 同上书,第 155 页。
④ 同上书,第 143 页。

第六章 本 分

会中任何一个社群,其成员的行为活动与方式,总会按照某些基本的行为规范和准则来进行调整、约束、限制和范导。这些规范和准则,或者作为法律,或者作为伦理规条,或者作为"礼义(仪)"的方式出现,这就是作为伦理之"应当"的形式性、必然性要素,在中国哲学中又被称为"理"和"经"的方面;但人类生活不断变化,常青常新,我们在生活中不能总是守旧经、认死理,而要学会"理论与实践相结合""与时俱进""通权达变",这就构成伦理的"实然性""心"或者"变"的方面或要素。综合起来,伦理道德作为人类生活的当然之理(ought to be)就总存乎于必然与实然、理与心、经与权之间的紧张、冲突、调整、妥协、磨合、协调的互动互应的过程之中。

我想在基本思路上,我们一般都会认可杨国荣的说法。但再往前走,种种具体的困难就会出现:第一,这种最后达成"应然之道"(ought to be)的"互动"过程究竟是怎样发生的?也就是说,在某个具体的伦理情境中,例如"大义灭亲";"嫂溺援之以手",究竟是必然之"理"或"经"居优,还是实然之"心"或"权"占先?抑或有时前者,例如"大义灭亲",有时后者,例如"嫂溺援之以手"?还有,如果遇到"经"和"经"之间发生冲突怎么办?例如父亲犯法杀人,是"大义灭亲"呢?还是"子为父隐"呢?抑或"无可无不可"?倘若"无可无不可",那还有道德伦理的必要吗?第二,杨国荣仅指出了"理"和"心","经"和"权"之间有一种相互的互动,但似乎没有具体讨论伦理的"理"之为"理","经"之为"经"的根据问题,也没有进一步讨论在何种情境下"心之动"或"权之变"是合理和正当的,以及在什么情况下是不合理和不正当的等等。而在我看来,恰恰这些问题,才是当今道德形而上学的核心问题和根本困扰所在。①

让我们以康德著名的"问讯的杀人者"(the case of the inquiring murderer)②与孟子著名的"嫂溺援之以手"③案例为例来具体说明上述的问题所在。"问讯的杀人者"的情形所涉及的是"善意的谎言"问题。如果换用"理"/"心","经"/"权"的说法,也许可以说,"诚信"/"不应撒谎"为"理",为"经",在此情境下对可能受害者的同情为"心",为"权";而在"嫂溺援之以手"的难题中,"男女授受不亲"为"理",为"经",在嫂子溺水,生命危殆的情形下"援之以手"为"心",为"权"。一方面,这两个例子都说明,"经"和"经"或"经"和"权"之间在具体情境中的冲突,往往是不可避免的。两者之间都存在一个"何者为先"以及"因何为先"的问题。而且,并非所有人都会赞成同一个结论。例如,按一般的解释,康德在他的案例中会说"经"者为先,而孟子则会在他的案例中说"权"者为先。而我们在这里恰恰需要发问:为什么为先?另一方面,这两个例子的不同在于,即使在当今的现代,我们大多数人仍会认可"诚信/不应撒谎"为"理",为"经",但大概已很少有人仍在坚持"男女授受不亲"为"理"、为"经"。明显,我们今天道德行为的规范发生了变化,但这种变化的"根据"何在?难道是以前我们"据之为理"的"据"错了吗?如果"错",什么地方"错"?为什么"错"?即使不错,只是

---

① 我注意到杨国荣试图区分"规范"与"规范性"(《成己与成物》,第149页)。但两者之间究竟是何关系?是"意义"与"使用"的关系?还是说,"规范性"仅仅是"规范"的"普遍性"和"系统性"?这些问题都需要进一步深究和思考。

② 参见 Kant, "On A Supposed Right to Lie-Because of Philanthropic Concerns", in *Grounding for the Metaphysics of Morals*, trans. by James W. Ellington, third edition, Cambridge: Hackett Pub. Co. 1992, pp.63—67.

③ 参见《孟子译注》,《离娄章句上》,杨伯峻译注,北京:中华书局,第177—178页。后面文中所引《孟子》,均出于上书,不再详注。

第六章 本　分

"权变",也有一个为什么或"根据"什么而"改变"的"根据"问题。所以,这里彰显出的就是我们在一开始就发问的那个使伦理成为伦理,使"善"和"好"成为"善"和"好"的根据问题,即道德形而上学的奠基问题。

所以,从道德形而上学的角度来说,"规范"的问题不仅仅是在"规范"自身层面上的问题,即"规范"的实际使用或应用的问题,而更要从"应当"(should/ought to)之为"应当"的角度,特别是从"应当"的奠基根据和形成过程来开始考察。

第3节　哈曼关于"应当"说法的四种分类

也许一个比较可行的做法是从"应当/不应当"一词在我们日常语言中的用法出发来看其根据所在。按照美国普林斯顿大学著名哲学教授Gilbert Harman(哈曼)的说法[①],"应当/不应当"一词在英文中的用法大致有四种情况:

1) 作为惯例和期待的应当(ought of expectation)。例如,"他(康德)应当每天下午3点出门散步";"会议上应当提供饮用水";"皇长子应当是皇位的第一继承人"等。

2) 作为合理性的应当(ought of rationality)。例如,"应当先看见闪电,然后才会听到雷声"(科学理性);"举凡能成大事者,当从小事做起"等。(常识理性)

3) 作为(本性)存在的应当(ought to be)。例如,"牛应当吃草";"修女不应当结婚"。

---

① 参见 Gilbert Harman, "Moral Relativism Defended", *Philosophical Review*, 84 (1975), pp. 2—22。

4）作为价值抉择（认定与评判）行为的应当（ought to do）。例如："不应伤害无辜"，"经商做买卖,应当童叟无欺"等。① 尽管出于为某种形式的道德相对主义辩护的目的,哈曼认为唯有最后一种应当才可被视为道德应当,并由此来划分他的道德哲学的讨论范围。但我以为,哈曼的这一划分,也许在实际上向我们揭示出探讨道德应当根据问题的一些基本线索。因为即使我们一开始就同意哈曼的说法,即只有价值抉择行为才可被认为属于道德应当的范畴,我们仍然会在哲学上继续发问,为何人们要自由抉择选取这一价值,例如"效益""仁爱""神恩信仰""个体尊严"或者"公平正义",而非另外的价值,来作为我们认定和评判某一具体行为或行为准则的"道德根据"？但哈曼所说的四种应当,似乎同时也显示出它们所以成为应当的四种基本依据:1)经验习惯(历史＋心理);2)自然合理性;3)存在本性;4)道德行为主体的自由抉择以及在此基础上形成的群体同意/约定(包括主动与默许)。

大概可以说,作为当代西方伦理学理论之主流的自由主义伦理学,主要从上述第四个根据出发,说明"道德应当"的形而上学基础。例如,亚里士多德—康德—罗尔斯—考丝嘉的理论。哈曼本人似乎也认同这一主流的道德自由契约论的立场。例如,在上述分析的四种应当之中,哈曼将前三种应当都排除在道德应当之外。按照这一理论所提倡的基本立场,任何一道德行为或行为准则,若要被认为是道德上的"应当",就必须建立在道德行为主体对此行为的自愿同意基础之上。但是,这一立场在哲学存在论上,似乎有两个根本性的缺陷：

第一,这一立场过分狭窄,将一些明显的"道德应当"排除在门

---

① 也许可以说,英文中"应当"(ought to)的四种用法在汉语中也大致相当。

第六章 本 分

外。例如让我们来看一个类似孟子"乍见孺子落井"的例子。难道此时此地没有一种"道德应当"在"感召""催促",乃至"命令"你去救此小儿于深井之中?用孟子的话说,这种应当不是出于我们的事先"自主同意",即对此孩儿或孩儿父母做过什么承诺;也非出于我们想博取邻里坊间的赞赏之声,或出于其他什么后果效益之类的理性计算考量。① 因此,我想说,我们除了那些基于我们自由意志的自主性实践(理性同意)而来的道德责任(moral obligations)之外,还有相当的一部分"道德应当"和我们是否实践我们的自由意志,即和我们是否曾经同意无关。相反,这些"道德应当"取决于我们当时当地的存在处境。这些道德应当在中文思想和语境中往往被称为是"道德本分"(moral duty),以区别立基于自由意志基础上,作为道德应当的道德责任。如果同意这种区分,那么,我们似乎应当将哈曼所言的第三种应当中的一部分,既涉及人的存在本性的部分,归入道德应当之考虑的范围。所以,当我们日常说"A应当(ought to)或者不应当(ought not to)做X"时,或者说"应该(is obligated)或者不应该(is not obligated)做X"时,我们常常混用了"应当"(ought to/obligation)的两层含义。

例如,在"应当遵守诺言"与"哥哥应当照顾年幼弟弟"这两个句子中,"应当"的意义有所不同。前一种"应当"源出于道德主体的自由意志,是指有责任能力的道德主体经过自由选择,实现其自由意志并承担道德责任的过程。倘若我没有运用自由意志,做过任何承诺,那我在行为过程中就不必受这一"应当"的道德约束。所以,这种"应当"指的是道德责任,换言之,说"应当遵守诺言"与说"遵守诺言是道德责任"是同一个意思。

---

① 参见《孟子译注》,《公孙丑章句上》,杨伯峻译注,第79—80页。

后一种"应当"则不同。做不做哥哥在绝大多数情况下,不是我能选择的。只要我"是"哥哥,我就应该照顾好年幼的弟弟,这和我愿意不愿意的自由意志无关,而和作为行为主体的"我"与行为施予者的"他人"的存在境况,以及我们当下被赋予或扮演的社会角色有关。因此,这后一种"应当"是在"道德本分"的意义上使用。说"哥哥应当照顾年幼的弟弟"与说"照顾年幼的弟弟是做哥哥的本分"是一个意思。当我们说"父慈子孝""兄友弟恭""刻苦学习是学生的本分""诲人不倦是教师的职责""服从命令是军人的天职""救死扶伤是医护人员的使命"等等,都是在"应该"作为道德本分的意义上使用的。所以,在一个道德的社会里,残疾人应该受到社会中健全、健康的人们的礼让和照顾,并不是因为后者对前者作过什么许诺或者承诺,而是因为他们"是"残疾人而我们"是"健全人这一存在论上的事实。同理,在一个宴会上,主人应当对来宾热情,而来宾 A 对来宾 B 则无这一"应当"的道德"礼貌"要求或约束。

第二,这一立场不够深入和基本。因为,如果道德应当基于道德行为主体的自主性的契约式同意,那我们可能会接着问:为什么我们要同意 A 价值而不是 B 价值呢?可见,道德应当之所以为"应当"大概不是因为我们同意,恰恰相反,在大多数的情形下,我们同意倒是因为这实在是"应当"所在!这也就是说,"同意做某事"与"应该做某事"并非总是相互涵括的和逻辑等价的。例如,出于某种原因,我同意就某件事情对我的朋友撒谎。但我们知道,"同意"本身,无论是否出于"善良",往往并不能使不道德的"撒谎"成为道德的。因此,在我看来,做一件事情往往并不是因为我们"同意"才"应该"去做,恰恰相反,常常因这件事情本来就"应该"去做,所以我们才会"同意"去做!

这样说来,道德责任与道德本分无疑是道德应当的两种基本

第六章 本 分

形式。他们之间既相互区别又相互关联。正如我在前面试图指出的那样,它们之间的区别在于,道德责任立足在道德主体的自由意志上,而道德本分则植基于道德主体的存在境况里。但是,另一方面,我们也许应当更进一步地看到,道德责任与道德本分并非两种截然分开的道德应该的方式。这也就是说,道德责任也许应当被视为道德本分的一种特殊的形式,即当道德主体,作为一独立的、自由意志的行动承担者而存在的境况下的道德本分。然而,作为道德主体的人,并不仅仅作为一自由自主、独立无羁的行动者存在。在丰彩多姿的社会生活里,人还是一历史性的、社群性的和社会性的存在。正如人的自由自主性存在赋予作为道德主体的人以"诚信"的道德责任和本分,人的历史性、社群性、社会性的存在论特性,要求人与人之间有相互关爱、尊重与帮助的本分,要求人对他以及他的族类后代生于斯、长于斯的周遭自然环境,即大地天空、山川海洋、动物植物等等,有一种尊重和珍惜的本分。不但如此,人还是一理性的存在物,这就要求人在实现自己的自由意志,做出行为决断之前,充分意识到人有理性地思考自己行为的后果,以及自己的承担能力的本分。所有上述种种人之为人的多样性的存在论特性,赋予我们作为道德行为主体的人以种种不同的道德本分,而由实践人的自由意志而来的道德责任,只是人的诸多道德本分中的一种罢了。所以,当某个人在某种具体的生存情境下,做出了恰当的道德决断及其行为,这一般只能被合理地理解为是他或她在此情此景下所应当履行的、但也许相互冲突的诸道德本分之间的平衡性结果而已。

第 4 节　"道德本分"与德性化育

如果"道德应当"不完全或不主要取决于当下道德行为主体的同意以及由此而来的责任,而更多地与其道德本分相关,那么,我们的"道德本分"又主要取决于什么呢？它具有或奠基在某种先天的绝对根据之上吗？在哈曼的思考中所涉及的另外两个选择,即"历史习俗"与"自然合理性",无论它们是以道德本分还是道德责任的形式出现,似乎也不能单独成为决定"道德应当"的最后根据。因为我们有可能对之发问同样的问题：凡历史传承下来的常规、惯例、老规矩就一定具有道德正当性吗？换句话说,"祖宗之法"一定不可违吗？至于"自然合理性"也不能说十分可靠,例如我们知道,对于人这样的生命体而言,"保全性命"具有天然的合理性,但在有些情况下,"贪生怕死"并非是道德的行为,而"舍身就义"才更是道德应当的要求。这样说来,我们似乎又得回到"道德本分"这个思路上来。

严格说来,"道德本分"作为道德应当的根据,与我们日常语言中的关于"应当"或"道德应当"的其他三种说法,并不是完全不可兼容或有着根本性的矛盾冲突。正如上面所述,基于道德行为主体的自由意志而来的道德责任,本身就可被视为是道德本分的一种。而且,道德本分往往也以道德习俗、惯例、传统的面目出现,它们是道德德性的体现,在时间的长河中绵延、生长、世代相传和演变。因此,虽然不能说只要是祖上传下来"规矩",就一定是我们的道德德性和本分,但道德德性和本分往往具有能够世代相传的、为人们所不断颂扬、遵守、光大的特点。也正因为如此,一般说来或从根本上说来,它也合乎"自然的合理性"甚至"逻辑的合理性",尽

第六章 本　分

管这种"合理性"在某些极端的情形下,往往以一种隐蔽的形式、整体的方式或者长程的方式存在。现代德国解释学哲学家伽达默尔就曾这样反驳将传统权威与启蒙理性截然对立的立场。在伽达默尔看来,传统权威并不必然与启蒙理性相违,因为权威之所以为权威,其本质并不在于"权力"或"威力"本身,而在于人们对构成这种权力或威力之根据的"认可"(acknowledgment),以及对这种认可的"保存"(preservation),即对之不断和重新的"认可"。① 不错,在现实生活的某个"当下",人们常常出于某些非理性的原因,或者愚昧地"认可",或者屈辱地服从威权的暴力。但有许多东西,包括道德要求,一旦进入历史,成为"传统",成为"本分",人们一代一代地"认可"并"传承"下去,那就不再是简单地用"反自由的"威权压迫和"非理性的"愚昧盲从所能解释的,这其中一定有相当的"合理性"和"自由自主"的成分存在。所以,将"道德本分"作为道德应当的根据,其困难并不在于一般人所批评的"道德本分"的传统保守性质、非理性或反主体自由的成分,而在于我们如何进一步理解这一"本分"本身。

在我看来,这种"本分"作为道德德性的体现,首先植基于、源出于道德历史实践生活中的道德主体,即人与人、人与自然万物之间互依互存互动的历史生存境况,而非出于绝对超越于人类生活之上,或者完全外在于它的神圣天国的"神旨命令"与"天规天条"。不错,我们的日常生活,尤其是道德、社会、政治生活不时需要规范、约束和纠偏。但这种约束、规范、纠偏也往往有时采取弱的方式,例如道德德性的教化和范导,以及在此基础上产生的各种形式

---

① Hans-Georg Gadamer, *Truth and Method*, trans. by Joel Weinsheimer and Donald G. Marshall, second edition, New York: Continuum Pub. Co., 1993, pp. 277—285.

的伦理评价;有时采取强的方式,例如立法规训、法律裁判和强制。但是,无论采取怎样的"规范"方式,这些"规范"都还是植基于、源出于那活生生、活泼泼的人类生存境况之土壤的"本分"而已。一旦离开了活生生、活泼泼的人类生存境况的土壤,"规范"就可能成为僵化、僵死的东西,成为不再激发与表征生命力,而是束缚、扼杀生命力的教条、陋规。维特根斯坦在其最后一本著作《论确定性》中,曾借用思想河流的流动与河床本身的移动为例,说明思想与思想之规则之间的关系①,我想我们大概也可以用此来描述道德生活与道德德性、本分之间的关系:一方面,道德德性、本分是从道德生活中生长出来的,随着道德生活的变化而变化,不过,这两种变化有差别,且不完全同步;另一方面,离开了道德德性和本分的引导与范导,真正的道德生活也不可能。

由于道德本分与人类生存生活境况的这种血肉关联和亲缘关系,道德本分首先未必以具有普遍性特征的律令、规条的形式显现出来。在这里,我们也许需要进一步特别地区分人类社会政治生活与道德生活,前者的目标是在公平正义的基础上的共生共存,而后者则是人格化育的幸福、完满与向善。② 鉴于这一理解,我想说,伦理学作为对人类道德生活本性的哲学思考,其首要任务也许不在于对人的单独、单个行为的评判,以及作为这种评判之根据的标准的规约、规条的建立和施行,而是对使得人生完满、幸福、良善成为可能的人的德性(virtue),即人生卓越品性之化育与生成的思考与实践。也就是说,伦理学首先而且就其本性而言,是化育德性而

---

① 参见《维特根斯坦读本》,陈嘉映主编/译,北京:新世界出版社,2010年,第245页。

② 参见 Aristotle, *Nicomachean Ethics*, trans. by Terence Irwin, second edition, Indianapolis: Hackett Pub. Co., 1094a5—1102a5。

第六章 本 分

不是评判具体行为,是德性伦理学而不是在现代意义上流行的规则伦理学。正因如此,我们往往忽视或误解了伦理学在亚里士多德那里作为实践科学的特性,同时也混淆了伦理与律法之间的重要区别。某种程度上,这也多少导致了我们在对道德生活思考中,出现诸多所谓的两难困境。因为,如果我们将伦理学首先仅仅视为一建立伦理行为规则的学问,通过这些规则规范,我们来严格判定具体行为正确与否,那它的本性就被误解和曲解,同时也就被赋予了它不宜,而且往往也不能担负的职责。

第5节 孔子:无可无不可

让我们下面通过分析孔子关于道德抉择"无可无不可"的著名例子,来进一步说明这一点。在似乎面临道德抉择的具体行为面前,儒家圣人孔子为什么要采取"无可无不可"的观点?难道孔子持有道德相对主义,或道德虚无主义,甚至道德机会主义的立场?[①]

我们知道,这个故事记载在《论语·微子》中。在那里,孔子谈到古代著名的7位逸民:伯夷、叔齐、虞仲、夷逸、朱张、柳下惠、少连。按照孔子的说法与后世的诠释,这些"逸民"超逸或者躲避世间罪恶的方式是各个不同的。"不降其志,不辱其身",这说的是伯夷、叔齐。按照皇侃《论语义疏》的解释,"夷齐隐居饿死,是不降志也。不仕乱朝,是不辱身也。是心迹俱超逸也"。接着,孔子论柳下惠、少连,说他们两人虽然降志辱身,但"言中伦,行中虑",所以皇侃解释,"此二人心逸而迹不逸也"。处于两者之间的大概就是

---

① 参见冯友兰:《中国哲学史新编》(修订本),第1卷,北京:人民出版社,1980年,第239—240页。

虞仲、夷逸了。孔子说他们"隐居放言,身中清,废中权"。隐居,不出来做官,所以"身中清";放言,放置①世务之言。所以皇侃解释"身中清,废中权"说,"身不仕乱朝,是中清洁也,废事免于世患,是合乎权智也"。② 最后,孔子才说到他自己,"我则异于是,无可无不可"。很明显,孔子这里并非要在道德与不道德之间做出抉择,而是强调自己不同于上述的"逸民"的地方在于:他并不要执着于某一种"逸"的方式,而是要人们关注每一个人在具体的道德生活情境中的不同处境,以及根据这种情境做出恰当的抉择。所以,具体抉择的方式会是各个不同,不应该要求千篇一律,所以是"无可无不可"。更深一步说,如果我们将这里的"逸"不仅解读为"遗佚""逃逸",而更在道德层面上解为贤人君子"超逸"之德性,并将它与"道义"之"义"联系起来,那么,孔子将自己与古代七位"逸(义)民"放在一起,无疑认同自己也是"逸(义)民"之一分子。在这里"义(逸)"是一种道德德性,面对暴政乱世,我们"义(逸)不容辞",但具体如何去行"义(逸)",则无一定之规。所以,我们不妨说,孔子表面在说"异",但实际在求"同",在求"逸/义"之德性、道义之本。③至于"逸(义)"这一君子贤人之德在不同形式中、以不同程度以及在不同场合、情境下的显现或表达,倒不需要那般执着。

需要指出的是,孟子后来继续和发展了孔子的这一说法。在《孟子·万章下》中,孟子提到四圣:圣之清者伯夷,圣之任者伊尹,圣之和者柳下惠,以及圣之时者孔子。比较这四者,孟子称孔子为

---

① 包(咸)注,"放,置也。不复言世务"。又李贤注,"放,纵也",即"放肆其言,不拘节制也"。两种解释似均可通,本文解释从前者。

② 依经典释文引郑康成本,"废中权"作"发中权"。另一种解释是马融提出,"废中权"之"废"作"废弃"之"废",即在乱世,自我废弃,以免祸患。本文解释从后者。

③ 这里的解释依马融注:"亦不必进,亦不必退,唯义所在。"

第六章 本 分

"集大成者"。① 按照孟子的解释,"集大成者"就是有始有终贯通全过程者,他用奏乐的始终、响应和射箭的发射与箭行做比喻,试图说明孔子不仅是圣者,是乐音的音响和箭行的力量,而且更是时者、智者,是那决定起始音、定调的"金声",和那保证箭靶之命中的"发射"。孟子的这番对孔子作为"适时"之圣人的赞颂,在我看来,一方面避免将孔子理解为执着于某种传统道德规条、不识权变的腐儒,从而成功地开辟了儒家哲学中的实践论与功夫论的路向。但另一方面,不可否认,这也在某种程度上蕴含有将孔子"神话"的意思,也就是说,将孔子从一个"无可无不可"的"逸/义民"变成为一个"可以速而速,可以久而久,可以处而处,可以仕而仕"②的"至圣先师",或者说,使之面临在后世成为一个"可"也可,"不可"也可的神人的危险。

第6节 道德感动,规范与伦理

如果说那些与人类生存、生活的境况有着血肉关联和亲缘关系道德本分、道德德性,首先并不以某种具有绝对普遍性特征的律令、规条的规范形式显现出来,即"规定""制约"我们的道德生活,那么,在我们人类的日常道德生活中,它们主要又是以何种方式"建构"和"显现",或者更确切地说,"见证"自身的呢?我想也许一个可能的思考方向就是,弱化我们传统伦理学概念背景中以抽象普遍性的法律规管为模型,寻求底线划界为特征的规范性伦理的理解,而代之以具象形象范导式的、以教育学的引导、培养、化育为

---

① 参见《孟子译注》,《万章章句下》,第 232—233 页。
② 同上书,第 232 页。

主要特征的示范性伦理的理解。换句话说,道德"应当"首先是"示范性的"应当,而不是"规范性的"应当,或者更确切地说,唯有先成为示范性的应当,然后才有可能成为具有规范作用的应当。

这里说的"示范"当然不是指那种根据某些"先天的"或人为臆想出来的概念、范畴、"规律""规则"而制造出来的"样板""典型"或"典范",而是每天发生在我们周围生活中的一个个、一件件形象具体的、活脱脱的人和事。当孔子说"三人行,必有我师",无非就是想讲这个道理。那些在我们周遭出现的人,发生的事,有"好"人、有"坏"人、有"好"事、也有"坏"事,它们所以成为"示范",往往不在于它们在道德概念上多么"崇高""伟大"或者多么"恶劣""卑鄙",而是因为它们离我们很"近",就在我们之中,是我们生活的一部分。他们的日常平凡的所作所为,如果见证我们的道德德性和道德本分,就会让我们情不自禁地"感动",例如鲁迅名篇《一件小事》中所描述的在他生活中出现的那个人力车夫,朱自清的《背影》中那充满父爱的父亲等等。当然,这其中也常有"路见不平"的情况,这时,我们虽不敢人人都"拔刀相助",但至少也会"义愤填膺"。"生气""义愤填膺"也是一种"感动",只不过这是一种"负面的"感动,它不一定表明我们个人遭到了直接伤害或损害,但是至少见证构成我们道德生活之基础的某些道德德性、价值、本分遭到了肆意的破坏与践踏。

长年累月,在历史长河的流淌过程中,应当说,首先正是这种由一个个"感动"和"不断感动"所启动的道德示范在召唤、鼓励、引导、激发人们去做好人、做好事。以这种感动和不断感动的触动和促动作为基础,经过理性辨析、反思沟通,再加上实践结果的不断验证反馈,作为我们道德生活河流在其上流淌的道德德性的"河床",也就不断地"沉积""沉淀"下来,得到"成形"。而这反过来,又常常使得我们的道德感动变得更加敏感和丰富。如果换用鲁迅先生的比喻,这世上本来就没有现成的路,走的人多了,就成了路。因此,那些先行者,开路者就是"示范者",在道德应当的路上,我们用心感动,感动越强,感召力越大,跟随的人就越多,路也就越宽广,而那一位位开路者,后来就成为那一粒粒铺路的石子,一块块指路的路标、路牌或一盏盏照路的路灯,他们召唤、引导、激励、鞭策我们后来人前行。就一个民族,或者整个人类的道德生活和文化有机体而言,这些石子、路标、路牌和路灯就是这个有机或关联整体得以挺立起来的"脊梁"和"风骨",因为这一"脊梁"和"风骨"的存在,我们人类的生活本身,才会"站立"和"挺立"起来,成为可传承、有意义的生活。

第七章　孝　养

第 1 节　丹尼尔斯/英格莉希的论题

父慈子孝，天下之公德，这无论在东方还是在西方的古代伦理传统中都是一样的。但是，近世西方以意志自由和个体选择为基础的某些伦理理论，却对这一古训的哲学论证基础提出疑问，从而不愿承认我们成年子女有孝养年老父母的道德义务和责任。在这些理论看来，成年子女无论在精神上还是在物质上对自己的年老父母，都不应比同一社会中的其他成年人具有更多孝养义务和责任。之所以如此，因为我们作为子女并没有要求父母将我们带到这个世界上来，或者没有要求养父母收养我们。这也就是说，因为父母和子女关系的最初并非建立在双方自愿的基础之上。所以，对于父母含辛茹苦，将我们抚养成人，我们虽然心存感激，但仅仅这些并不能构成我们对年长父母孝养的义务和责任。按照这种说法，传统道德规定的成年子女对年长父母的孝养义务与责任，现在只能由老年人自己以及整个社会来承担。例如，曾任美国克林顿政府全国医疗改革计划高级顾问，美国哈佛大学公共卫生学院伦理哲学教授努曼·丹尼尔斯（Norman Daniels）就指出，在传统伦理中关于父母对幼年子女抚养的义务，和成年子女对年长父母孝养义务之间"有着一种根本性的不对称"，父母对幼年子女抚养的义务是父母"自我赋予的"，因而具有道德约束力，而成年子女对年长

| 第七章　孝　养 |

父母孝养义务则是"非自我赋予的",因而不具道德约束力。[1] 另一位美国哲学家,曾任美国北卡罗莱那大学哲学教授的简·英格莉希(Jane English)也在其被选入多本美国大学教材的一篇著名文章"成年子女究竟欠他们的父母什么?"中说道,某个人对另一人行一件未经被施予人要求的善事,或者做出一自愿的牺牲只能构成一种"友好的姿态",这种姿态既不能使对方产生一种"亏欠",也不能加诸于对方一种"回报"的道德义务。因此,倘若我们成年子女"应当"对我们的年老父母做些什么的话,那这种"应当"也不是因为父母曾在我们年幼时为我们付出了、牺牲了很多,而是因为在父母和我们之间现今还存在着爱和友谊。循着这一思路,英格莉希得出结论,"孝养的义务仅仅出于子女对父母的爱"和"友谊",而这一结论的另一面说的则是,当子女不再感受到或承认在他或她与父母之间存有"爱"或"友谊"之际,子女孝养的道德"应该"也就终止了。[2]

就哲学推论而言,丹尼尔斯/英格莉希的论题有两个不言自明的前提。第一个前提涉及的是一似乎无可辩驳的事实,即所有的子女来到这个世界都是不由自主的,或者说他们是被"抛到"这个世上来的。这也就是说,他们没有选择地成为他们父母的儿子或者女儿。与第一个前提相比较,第二个前提依据的则是一现代道德伦理学中似乎无可怀疑的公理,即任何一种传统道德范式,若要被认为一道德上的"应该",就必须建立在这一道德行为主体对此

---

[1] Norman Daniels, *Am I My Parents' Keeper?* Oxford: Oxford University Press, 1988, p.29.

[2] Jane English, "What do grown children owe their parents?" in *Having Children, Vice & Virtue in Every Life*, ed. C. Sommers & F. Sommers, Hartcourt, 1993, pp.758—765.

行为自愿同意的基础上。将这两个前提迭加起来，我们不妨用以下更清晰的逻辑推论方式来重构丹尼尔斯/英格莉希的论题：

前提一：所有的子女来到这个世界都非经其自愿同意。

前提二：任一道德范式，若要被认之为一道德上的"应该"，就必须建立在这一道德行为主体的对此行为自愿同意的基础之上。

结论：所以，成年子女孝养父母不应被视为一道德上的"应该"。

显而易见，如果我们要想有效地反驳丹尼尔斯/英格莉希的论题，我们必须首先对上述两个前提进行一番批判性的考察。

第2节 父母对子女与子女对父母在"应该"上真的有不对称性吗？

首先让我们来看前提一。正如前面所言，丹尼尔斯教授认为在子女与父母之间的相互道德义务上有着一种"根本的不对称性"，并且这种不对称性有着事实上的根据，即所有的子女来到这个世界都非经其自愿同意。事实果真如此吗？我以为这里至少可以提出两个问题。第一，什么叫我们没有同意或没有自愿选择（choose）成为我们父母的子女？这是一个真问题还是一个假问题？当我们说"同意"或者"不同意"，"选择"或"不选择"时，我们除了假设这种"同意/不同意"，"选择/不选择"不是在强迫的条件下发生之外，我们还必须假设真的存在这种选择的可能性。基于这一点，我们不难看出，丹尼尔斯教授的问题假设的是一个虚假的前提，因为我们根本没有选择是否作为我们父母的子女的可能性，甚至没

第七章　孝　养

有选择是否出生的可能性。换句话说,我们既没有选择作为我们的父母的子女的机会,也没有不选择作为我们的父母的子女的机会。如果根本从一开始就没有这种机会,如何谈得上"同意"还是"不同意","选择"还是"不选择"呢?所以,要想将丹尼尔斯的问题变成一个真问题,我们应该以如下的方式发问:倘若我们每个人在出生时都有一次选择的机会,选择出生还是不出生,我们是否会选择(would choose)出生呢?对于这后一个问题,我想对于99%的绝大多数人来说,一个肯定的答案是不言自明的。

第二,从"同意"或"不同意"的角度来思考子女与父母之间的关系,是一种自由主义的和契约论的思路,这种思路本身在这里是否恰当,我们后面会讨论。但即便沿循这一思路,我们仍然可以发问,"同意"有没有程度强弱之分?我们知道,在一个正常的家庭,子女从出生那一刻起,衣食住行,无一不受到父母无微不至的关怀。"慈母手中线,游子身上衣,临行密密缝,意恐迟迟归,谁言寸草心,报得三春晖"。这首千百年来家喻户晓的古诗言尽天下父母心。我们从小受到父母呵护,在父母身边长大,直至成人。因此,即使我们没有"选择"出生,我们"是"出生了,但从出生到成人的这一漫长的过程中,无论有心还是无心,有言还是无言,我们难道不是每时每日都在"同意"接受父母的爱与付出吗?难道这种"同意"不构成任何道德"责任"或约束力吗?丹尼尔斯教授可能会反驳说,不错,在我们成年之前,我们大多数人都在接受父母的爱心付出。但是,这种接受不是真正的"同意",因为作为未成年人,孩子并不真正知晓这一"同意"的后果。他们不具备真正的道德承担能力,正如未成年人不真正具备法律承担能力一样。

为了更好地讨论上述问题,我们有必要区分"强同意"与"弱同意"这样两个概念。① 让我们假定"强同意"指的是一个有决定能力的成年人主动地、明确地要求或赞许做某事,"弱同意"既可以指一种被动的准许,例如没有明确反对某人对你做的某事或默许此事的进行,也可以指某一尚未具备完全责任能力的人的主动或被动的准许对之进行某种行为。显然,倘若未成年子女与父母之间有一种"同意"关系的话,这种同意属于"弱同意"。现在让我们来看一看在"弱同意"条件下的同意行为,是否应当构成某种道德约束力。假设有一位年轻人叫小明,今年20岁,精神正常。小明在邻居家的房子里玩火,造成人员伤亡和财产损失。在这种情况下,我们知道,小明不仅应当在道德上遭到责备,而且会在法律上受到追究和惩罚,因为他的行为属于主动同意或"强同意"行为。但如果我们稍稍改变一下条件,假设小明不是20岁的年轻人,而是15岁的少年,甚至10岁的孩子,情况会怎样呢?显然,因为这是一种"弱同意"行为,小明也许不应当像成年人那样受到严厉的责备和惩罚,但这并不等于小明完全没有任何道德责任,完全不应受到责备和惩处。因此应当说,当幼年子女"自然而然""心安理得"地接受父母的关爱、牺牲与付出时,他们已经对父母—子女关系给出了某种"弱同意"。这种"弱同意"虽然不像"强同意"那样要求子女对日后赡养父母承担"全部"责任,但要求其"部分"地承担责任应当是合情合理的。而且,这种"弱同意"随着时间与子女年龄的增长会越来越强,与此同时,我们作为子女对父母的道德责任也变得越来越强,最终会达到"强同意"的程度。丹尼尔斯的论断的盲点就在于他把做出同意,承担道德责任的行为主体视为一非历史的、孤立

---

① 英国哲学家洛克(John Locke)在谈及他的自由主义政治哲学时,曾区分"明确同意"(express consent)与"默许同意"(tacit consent)这两个概念,可作参照。

| 第七章　孝　养 |

的、抽象的个体，而非一在具体历史情境中学习、成长着的活生生的人。丹尼尔斯这里也还混淆了道德责任主体与法律责任主体的界限。不错，我们并非生来就有同意的能力，就可以承担道德责任，但是，我们也不是一天之内就获得这种能力和承担的。所以，硬性地强调"成年人"与"非成年人"的道德同意之间的绝对区别，除了能为某些人对待父母的忘恩负义行为开脱之外，大概什么也说明不了。

第 3 节　为什么大张"应该"救小娟？

如果说丹尼尔斯/英格莉希论题的第一个前提涉及对一个事实的认定，那么，其第二个前提则牵涉到我们对道德"应该"本性的一个现代的根本性理解。按照这一理解，任一道德范式，若要被认之为一道德上的"应该"，就必须建立在这一道德行为主体的对此行为自愿同意的基础之上。我们知道，这一对道德范式本性的理解植基于当代西方的自由主义哲学①，而这一哲学将作为道德行为主体的人之本质，理解为个体性的、理性的和具有自主性的。例如，在康德的道德哲学中，道德范式的形而上学本质在于"自律"而非"他律"。作为道德行为主体的人，只有同时既作为立法者又作为守法者才是真正自由的。②

---

① 这一观念可以追溯到亚里士多德。依照亚里士多德，道德评判上的赞扬或者谴责必须以作为道德主体的个体是自愿还是非自愿的行为为前提。亚里士多德认为，一个个体的自愿行为是指：第一，此个体的这一行为发自内部而非外在强迫。第二，此个体的这一行为非为无知或受骗的结果。参见 Aristotle, *Nicomachean Ethics*, 1110a5—1114b15。

② Immanuel Kant, *Grounding for the Metaphysics of Moral*, trans. by James W. Ellington, Indianapolis: Hackett, 1981, p. 48.

在现代人的道德伦理生活的许多领域中,自由主义的道德哲学与伦理学说的重要作用,有目共睹,毋庸置疑,我无理由也不打算否认这一点。但是,我在这里借子女孝养父母的道德责任的争论,想提出来讨论的问题在于:将道德"应该"植基于道德主体的"自由意志"之上是绝对的和无条件的吗?倘若不是,哪里是自由主义道德哲学的界限与局限?

也许一个恰当的例子可以帮助我们更清楚地说明这一点。大张身体强健,是一游泳好手。一天傍晚,大张下班路过一个水塘,忽然听到一个小孩(小胖)在哭叫"救人",原来小胖的伙伴小娟不慎落水,正在水中挣扎。大张与小娟以及小娟的父母素不相识,更不曾同意或许诺过小娟或小娟的父母当小娟遭遇危险时,出手相救。在这种情形下,大张是否"应该"救人呢?我们知道,绝大多数人的回答都必定会是肯定的。没有同意或者没有做过许诺,在这种情况下,并不能排除大张救人的道德义务。现在,从道德哲学角度提出的问题是:为什么大张"应该"救人?倘若这里的"应该"不是建立在道德主体,即大张的"自由意志"之上,那又建立在什么之上呢?在我看来,大张"应该"出手相救,取决于以下的几个"存在性的"事实:第一,大张是人类的一员,小娟也是人类的一员。倘若落水的是一只小猪或者小羊,大张的"应该"也许就不那么强。第二,大张碰巧是一游泳好手,而在场的唯一的他人,小胖,是一孩子,可能也没有那么好的水性。倘若大张不识水性,下水救人会冒生命危险,大张救人的"应该"就会被抵消。第三,大张正好在场,是当时唯一能救小娟的人。倘若另外还有其他人在场,并且这些人也都会水,大张的"应该"也会被减弱。这也就是说,当时大张、小娟、小胖所处的偶然性的情境和存在性的事实,而非道德主体的主观自由意志赋予大张以某种行为上的"应该"的道德召唤和命

第七章 孝 养

令。在我们的日常生活中,属于此类"存在性的应该"的明显事例,还包括像我们当今人类对保护自然资源和自然环境的道德义务和责任;一个传染病患者,譬如艾滋病人,对健康人存在有避免在没有防护措施下的身体的或性的接触的道德责任和义务;一个成年公民在祖国遭到外敌入侵,保卫祖国的道德义务和责任;一个男子汉在危险情况下挺身而出,保护妇女、儿童、老人的义务;健康人与正常人礼让残疾人的义务。还有,强者不应恃强凌弱;富人灾年应当开仓赈灾,帮助穷人等等。上述所有这些我们日常生活中被普遍认同的道德义务和责任的例子说明,至少有一些道德义务和责任的设定,并不以介入此行为的道德主体的主观"自由意志"为前提,而是以其偶然"处于"或者"被抛入的"存在情境为转移。或者将丹尼尔斯教授的话反过来说,它们就其本性而言,恰恰在很多情形下,不是"对称性的"(symmetrical),而是"非对称性的"(asymmetrical)。

第4节 因为"同意"所以"应该", 还是因为"应该"所以"同意"?

上述的事例和讨论迫使我们对道德"应该"的本性作更深一层的思考。究竟什么是使道德应该成为"应该"?道德主体的自由意志在确立道德应该的过程中,究竟起着什么作用?这些问题也就是康德所谓的为道德形而上学奠基的问题。

在前面一章我们讨论这个问题的时候,我建议我们首先对我们日常使用的道德"应该"的概念进行一番分析。我们的结论是,当我们日常说"A 应当(ought to)或者不应当(ought not to)做 X"时,或者说"A 应该(is obligated)或者不应该(is not obligated)做

X"时，我们常常混用了"应当/该"（ought to/obligation）之为"道德责任"与"道德本分"的两层含义。从道德形而上学思考的角度来说，"道德本分"占据这更为原本的地位。例如，在一个道德的社会里，残疾人应该受到社会中健全、健康的人们的礼让和照顾并不是因为后者对前者作过什么许诺，而是因为他们"是"残疾人而我们"是"健全人这一存在论上的事实。

有人可能会反驳说，你讲的作为"本分"的应该大多与我们在生活中扮演的社会角色有关。固然，每一角色都有符合自身要求的道德"本分"。但是，不正是我们自己在一开始通过实现自由意志，选择扮演这一角色的吗？例如，在我的职业生涯中，我选择教师作为我的社会角色。正因为我的这一自由选择，我才应该按照教师的道德"本分"行事，譬如"循循善诱""诲人不倦"。对于这一反驳，我的回答是：第一，我们并不总是能够自由地选择我们的生存情境和社会角色。用当代德国哲学家马丁·海德格尔的话说，我们往往是被"抛入的"。例如，我之为人是一简单的存在论事实，这是任何人都无法选择的。作为人我自然就会被要求遵守一些人之为人的"本分"，诸如诚信，不得滥杀无辜，爱护自己，帮助别人等等。再如，一个人之为他的姐妹的兄弟不是他能选择的。但是，作为兄弟，他不"应该"娶他的姐妹为妻或者与之发生性关系，这也是由"兄弟"的本分所决定的。不守这一本分，我们知道，在绝大多数的文明和道德传统中被斥为乱伦。第二，在很多情况下，即使我们理论上有选择扮演或不扮演特定社会角色的可能，但在实践中，这种选择的可能性实在可以说是微乎其微，甚至可以忽略不计。例如在现代社会一个人的成长过程中，上学读书成为必不可少的一环。尽管逻辑上说，并非每一个人的成长都一定要经过学生阶段，而且也并非每一个学生都是自己选择成为学生的，但我们知道，在

| 第七章　孝　养 |

实践上选择不读书学习的"空间"几乎是不存在的。因此,至少在我们作为学生时,"刻苦学习","尊重老师"就成为我们理应遵守的"本分"。第三,"同意做某事"与"应该做某事"并非总是相互涵括的和逻辑等价的。例如,出于某种原因,我同意就某件事情对我的朋友撒谎。但我们知道,"同意"本身并不能使不道德的"撒谎"成为道德的。因此,在我看来,做一件事情往往并不是因为我们"同意"才"应该"去做它,恰恰相反,常常正是因为"应该",我们才会"同意"去做!

沿循这一思路,前面所提到的大张是否应该救小娟的答案就不难给出了。在那一情境下,无论大张是愿意还是不愿意,跳下水去救小娟无疑属于大张做人的道德本分。但是,倘若情境改变,例如,倘若大张不是一游泳好手,或者水情复杂,大张救人有极大的生命危险,再或者在场的小胖不是一个小孩,而是小娟的爸爸,并且他还是一游泳好手,那么,大张"应该"救小娟的道德本分就会被减轻、削弱乃至抵消。反之,倘若大张曾经同意或者许诺小娟或小娟的父母,一旦小娟发生危险,他将奋力救之;或者大张救小娟不但没有任何危险,而且甚至不会有任何不便,只是举手之劳而已,那么,大张"应该"救小娟的道德本分就会得到增强。① 同理,成年子女孝养年迈父母以及父母抚养年幼子女也无疑属于做父母和做子女的道德本分。这一道德本分的存在与作为道德主体的子女或

---

① 例如,朱蒂·汤姆逊(Judith J. Thomson)在其著名的为自由主义堕胎立场辩护的文章"为堕胎辩护"中,提出过一个思想试验。她设想假如一位影星(文章中假设亨利·方达)的一位狂热崇拜者,身患绝症。此病人的最后一个愿望就是请影星来摸一下她的头。假如对影星来说,这只是举手之劳,那么,亨利·方达是否有任何道德义务满足这个请求呢? 汤姆逊从自由主义的权利学说出发,认为影星方达完全没有此项义务。参见 Judith J. Thomson, "A Defense of Abortion", in *Philosophy and Public Affairs* 1, no.1(1971)。

父母起初是否同意当子女或者父母主观意愿关系不大,而完全取决于他们的"为人之子女"或"为人之父母"的简单的存在论事实。当然,其他的存在论事实,诸如子女或父母,由于严重的伤残疾病和极端的经济困窘,导致缺乏赡养或抚养的能力,子女在幼年时曾遭到父母的非人虐待,以及青少年子女对父母的大逆不道等等,都会或多或少地在程度上减轻乃至勾销作为子女对父母,或作为父母对子女的道德本分。所有这些之所以如此,均因为以父母子女为主轴线的血缘家庭作为人们社会生活的基本单位,乃是一自然形成的人类生活组成形式,它和其他人类生活的非自然的组成形式,诸如自愿型的社团或者契约型的民主制国家有着本质性的不同。因此,只要自然的血缘家庭仍旧是我们人类日常社会生活的基本组成形式,我们作为人子人女、人父人母的道德本分就会继续存在。

第5节 儒家论"孝"之为"立人之本"

我们知道,在人类历史上迄今存在的几大主要伦理传统中,以孔子为代表的儒家伦理,大概是唯一将对父母的"孝"提升到整个学说的基础和绝对核心的高度的理论。按照冯友兰先生的说法,儒家伦理不外是从古代中国传统家庭价值的衍生和发展而来,是这一传统价值的系统整理和理论表达。① 马克斯·韦伯,这一无疑可以被誉为是20世纪最伟大的理论社会学家,在谈及儒家的"孝"时,也将之称为所有中国人的"绝对的初始德性",并且,一旦当这

---

① 冯友兰:《中国哲学简史》,北京:北京大学出版社,2012年,第41—42页。

第七章 孝 养

一德性与其他德性冲突时,"孝"总是"在其他德性之前被优先考虑"。① 在《论语》中,孔子在很多地方谈到"孝",并且显然将之视为其整个学说的核心环节。

综合起来看,我们大概可以将孔子及其门生在《论语》中谈孝的意思大体上分为三层:一曰"能养",即子女应对父母尽孝敬之心和供养之力;②二曰"无违",亦即子女晚辈应对父母长辈所代表的权威和家族传统表示尊重与服从,并使之延续下去,发扬光大;③三曰"施于有政",即把在家庭、家族内部施行的"孝道",推广实施到全部其他社会生活与政治生活的领域,从而达至儒家"君子"的理想人格以及"老吾老以及人之老,幼吾幼以及人之幼"的大同社会政治理想。④ 显然,在上述孔子及原始儒家论孝的三层含义中,孝敬和供养父母是第一层的,也是最自然和最根本的含义。其他的二层含义,虽然其在组织与理解传统中国的文化、社会以及政治生活方面的重要性无可置疑,但毕竟是在第一层意义上的衍生和扩展。因此,尽管在传统儒家对"孝"的正宗教义里,上述三层含义常常纠缠交织在一起。一方面,这三者之间并无一种逻辑蕴含的必然关系。另一方面,这似乎也并不妨碍我们今天将其第一层意义,即"能养"与从其中衍生出来的,通常为人们所争议的另外二层社会、政治意义剥离开来,予以专门的哲学考察。

如果我们对《论语》中关于"能养"的论述做进一步的分析的话,我们不妨说这一概念的完整解释也含有三个方面的意思。这

---

① Max Weber, *The Religion of China*, trans. and ed. H. Gerth, New York: The Free Press, 1951, p.157.
② 《论语》,学而 7;雍也 6,7,8;里仁 9,21;阳货 21;等等。
③ 《论语》,学而 11;为政 5;里仁 18,20;子路 18;子张 18;等等。
④ 《论语》,学而 2;为政 20,21;等等。

三个方面的意思可以分别表述为"养口体",时常关心并尽力照顾好父母的身体健康,满足父母衣食住行等生活方面的需要;"养志",尊重并敬爱父母,时常关心和满足父母心理和精神方面的需要;以及"养灵",料理好父母的葬礼后事,并时常记住去父母灵前祭祀,追忆先人,不做辱没、败坏祖先名声的事。例如,在《论语》中,我们读到,孔子认为,孝顺的子女和晚辈,必须"事父母,能竭其力";①必须做到"有事,弟子服其劳,有酒食,先生馔";②对父母的身体,更应当"唯其疾之忧";③对父母的高寿,也应当时时记挂在心,"一则以喜,一则以惧"。④ 不仅如此,孔子还更加强调在精神上关心,尊敬父母的重要性。《论语》中孔子对其弟子子游问孝的著名答复充分显示了这一点:

> 子游问孝,子曰:"今之孝者,是谓能养。至于犬马,皆能有养;不敬,何以别乎?"⑤

孟子还讲过曾参的故事。他用曾参奉养他父亲曾皙,与曾参的儿子曾元奉养曾参的不同来说明"能养"中有"敬"还是"无敬"的区别。⑥ 此外,《论语》中还有多处谈到葬礼、守丧与祭祀对于行孝的重要性。按照《论语》英译者,20 世纪著名汉学家阿瑟·卫理(Arthur Waley)的说法,"养灵",即孔子"孝养"概念的第三方面含义,也许是"孝"的概念的原义。卫理列举比《论语》更早的典籍《诗经》为例指出,在《诗经》中"孝"字出现的绝大多数情况下,"孝"都

---

① 《论语》学而 7。
② 《论语》为政 8。
③ 《论语》为政 6。
④ 《论语》里仁 21。
⑤ 《论语》为政 7。
⑥ 见《孟子·离娄上》。

第七章 孝 养

是指对已故先人和祖先魂灵的"孝"。但是,当生活在公元前5、6世纪的孔子将行孝的重心从死人转移到活着的父母时,无疑标志着一场中国观念史上的变革。①

孔子与先秦原始儒家对孝养父母的强调和重视,对后世中国文化关于伦理美德本性的理解无疑起到了难以估量的影响和作用。在中国历史上,孝养父母,做一个孝子,从一开始就被视为是成为一个有德性的君子的基本条件。这也就是为什么《论语》中说,"君子务本,本立而道生。孝弟也者,其为仁之本与!"②儒家的亚圣孟子也从"亲亲"的角度来解释人之为人的最高美德——"仁"。③ 近代雅儒林语堂先生曾经用下面一段十分感性的文字,来描绘孝养父母在一个自称有德性的儒生或君子心目中的地位:

> 中国君子视为终身莫大遗憾的事情莫非是父母病的时候未能亲侍汤药,死的时候未能送终。官员到了五六十岁尚不能迎养父母,于官署中晨昏定省,已被认为犯了一种道德上的罪名,而本人对于亲友和同僚也必须设法解释他不能迎养的理由。从前有一个人,因为回到家里时,父母死了,不胜悲憾,说了下面这两句话:"树欲静而风不息,子欲养而亲不在。"④

在儒家传统里,孝养父母不仅是衡量一个有德之人、一个谦谦君子的前提条件之一,而且也是衡量一个和睦的社会、一个有德的君主或一个施仁政的政府的前提条件之一。例如,孟子曾以儒家心目中的圣君周文王为例,讲述了下面的故事:

---

① 参见. A. Waley trans, *The Analects of Confucius*, New York: Vintage Books, Introduction, pp. 38—39.
② 《论语》,学而 2;同时又见学而 6、7;为政 20。
③ 见《孟子·离娄上》;《告子下》。
④ 林语堂:《生活的艺术》,北京:华艺出版社,2001 年,第 199 页。

> 伯夷辟纣,居北海之滨,闻文王作兴,曰:"盍归乎来! 吾闻西伯善养老者。"太公避纣,居东海之滨,闻文王作兴。曰:"盍归乎来! 吾闻西伯善养老者。"天下有善养老,则仁人以为己归矣。①

有鉴于此,孟子提出,在他所设想的儒家的理想社会里,所有的民众都应当自小就"谨庠序之教,申之以孝弟之义,颁白者不负戴于道路矣"。②

儒家提倡子女孝养父母作为所有社会成员应有的道德本分,颁白者不负戴于道路矣不仅体现在中国传统社会的主流文化思想中,而且更在制度和法律层面上反映出来。例如,早在唐朝的法律中就有这样的规定:一个人倘若因为父母或者祖父母遭到伤害而复仇,则可以免罪开释。官吏遇到父母过世,则须立即辞官奔丧。在清朝,倘若一罪犯是家中独苗,处其终生监禁或死刑会使家中老人失去照料,那么,死罪可望活缓,重罪可能轻判。在当今中国大陆实行的婚姻法中,成年子女对年老父母的法律赡养义务也有如下的明文规定:

> 子女对父母有赡养扶助的义务。
>
> ……子女不履行赡养义务时,无劳动能力的或生活困难的父母,有要求子女付给赡养费的权利。③

显然,从古到今,成年子女孝养年长父母,在主要受儒家文化影响的中国,乃至整个东亚地区,都被视为是每一个社会成员理所当然的道德本分。身为人子人女,倘若我们不愿履行这一本分,则

---

① 见《孟子·告子上》。
② 《孟子·梁惠王上》。
③ 参见《中华人民共和国婚姻法》,第三章,第二十一条。

第七章 孝 养

枉为一生,耻于为人。

第6节 儒家关于孝养父母之为人的道德本分的"论证"

在中国地区,乃至在受到儒家文化影响的整个东亚地区,极少有人会反对或不愿意将孝养父母视为人子人女的道德本分。但是,正如我们前面所示,从哲学论证的角度来看,我们是否愿意孝养父母并不能作为我们是否应当孝养父母的完全理据。因为无论从逻辑上还是从事实上说,相反的情形都并非不可能而且实际上存在着。所以,我们不仅需要指出很多人,或者可以说大部分的人都愿意孝养自己的父母,并将之视为道德本分这一事实,而且需要更进一步考察和说明,为什么愿意孝养父母是一种"道德应当"?或者是人的一种道德本分?也就是说,我们需要考察究竟是什么使得一道德本分成为一道德本分?借用康德哲学的术语,这属于道德形而上学的任务。

也许有人会说,孝养父母在儒家传统中,乃是不证自明、天经地义的事情,从来就不需要什么道德形而上学的"论证"。对于这一点,我的看法是:第一,说一种道德本分是天经地义、不证自明,这本身已经是一种"论证"。第二,说一道德本分不需论证也不等于说不能论证。第三,说一道德本分过去无须论证,并不等于说其现今和将来永远无须论证。事实上,在儒家思想形成和发展的历史过程中,我们不难发现有种种关于孝养父母之为我们道德本分的"论证"。下面,就让我们来简略分析一下这些"论证",并试图从中看出儒家道德形而上学的一些基本线索。

儒家关于孝养父母之为人子人女的道德本分的第一个"论证"

可以追溯到孔子的"正名"学说。我们知道,在孔子那里,名称,特别是与社会生活相关的名称不仅仅具有一种认识论的功能,即它们不仅描述或指称某种实在的外在事物,而且更有一种次序建构和行为规范的功能。这也就是说,这些名称在内部有着某种要求超出自身去行动,去实现自身的冲动和力量。例如,像"父亲""儿子""君主""臣属"这些名称不仅仅描述或报告一些纯粹的生物学、政治学或者社会学的事实,而且更在说话人宣示这些名称的同时,伴随着某种履行和实现这些名称所拥有的社会、政治内涵或道德本分的诉求。正是在这个意义上,中文里很多名称不仅仅是一种指称,一种称谓,而且更是一种名分。与这些名分相联的,不再是一些孤立的人和事,而是在这些人和事背后的,使这些人和事的建构成为可能的,以及那些使之浮现出来的,错综复杂的社会、文化、生活关系的网络、背景和形式。① 正是这些背后起作用的社会、文化、生活关系的网络、背景和形式,使得一个名称同时成为名分,拥有道德本分的诉求力量。因此,正如抚养、关心、爱护幼年子女属于做父母的本分,包含在父亲母亲的名分中一样,在儒家传统看来,儿子女儿的名分中自然含有孝养年老父母的本分。也正是由于这一原因,为人臣、为人子而不忠不孝,在古代中国无一例外地被称为是大逆不道。

儒家关于孝养父母作为成年子女之道德本分的第二个"论证",出于对人的天生的道德直觉和自然情感的观察。这一条思路可以说是由孔子肇端,而后由孟子的性善说加以继承和发扬光大。例如,当孔子与宰我在《论语》中讨论"三年之丧"时,孔子用"心安"

---

① 这些错综复杂的社会、文化、生活关系的网络、背景和形式的总体,在现代西方哲学里,被称为是生活世界或生活形式。

第七章 孝 养

与否作为赞成"三年之丧"的道德根据,后来孟子提出"恻隐之心"以及道德良心的"四端说",与此可谓一脉相承。我们知道,孟子将"恻隐之心"视为道德良心的四端之首。

显然,孟子将所谓人性的"四善端"视为先天的和直观的,这是人们后来一切道德行为的起点和根据,也是人类区别于野兽、文明人区别于野蛮人之所在。孟子还讲过一段远古的故事,用来说明为何我们应当尽孝尊灵,为我们亡故的先人安排一个有体面、有尊严的葬礼:

> 盖上世尝有不葬其亲者,其亲死,则举而委之于壑,他日过之,狐狸食之,蝇蚋姑嘬之。其颡有泚,睨而不视。夫泚也,非为人泚,中心达于面目。盖归反蘽梩而掩之,掩之诚是也。则孝子仁人之掩其亲,亦必有道矣。①

孟子的这个故事是真是假,有无人类学或者历史学上的根据,我们现代人不得而知。但是,通过这个故事,我们也许可以看出,从儒家的观点来看,在人的道德本分的形成中,有两个重要因素值得重视:一方面,儒家认为,子女孝养父母的道德本分在于人的内心深处有着一自然性和历史性的先天源头与根基;另一方面,儒家同时也强调,这种自然的直观和心理情感仅只是道德的细微萌芽和起端,它们的存在并不能足以保证我们一定成为一个有道德的人,即儒家所言的仁人志士或君子。要达到这一点,还需要大量的、后天的教育,自身修养和磨练的功夫。因此,为人父母和为人子女,并不简简单单地是一个生物学的事实,或者说,从儒家哲学的观点看,我们尽管有着自然的和道德的潜能,但并非生来就是我们父母的子女,和我们的子女的父母。我们,通过学习和自我修

---

① 《孟子·滕文公上》。

养,成为我们父母的"子女"和我们子女的"父母"。①

儒家关于孝养父母之为人子人女的道德本分的第三个"论证",应当从儒家"义"的概念而来。像"仁"一样,"义"无疑也是儒家伦理学的一个中心概念。尽管儒家思想史上关于义的概念有繁复多样的说法,但其基本要点还是集中在如何处理作为行为主体的个人自我与周遭他人,以及个人生于斯、长于斯的周遭环境、社群之间的关系上。这里我想主要提及和讨论一下汉代大儒董仲舒用"宜"来解释"义"的思路。依照董仲舒的说法,

> 义者,谓宜在我者。宜在我者,而后可以称义。故言义者,合我与宜,以我一言。以此操之,义之为言我也。故曰有为而得义者,为之自得;有为而失义者,谓之自失。②

"宜"和"义"在古代是同音字。一方面,根据古代汉字同音相假的造字规则,董仲舒指出"义"的本义为"宜",即"适宜""合宜""相宜"之意。另一方面,"义"字从"我"从"羊"。"我"为"自我","羊"是古代部落社群祭天祭祖的祭物,我推想可引申出公共礼仪并以此作为整个社群的象征。所以,"义"应当从我与我周遭的他人以及与我在之中的社群、外部环境经过相互作用和相互磨合而达到"合宜""适宜"的关系来理解。这也就是说,儒家从来不承认有什么孤立的、原子式的、作为绝对个体的自我的存在。个体总是在和他周遭的他人,在和他处身其中的社群的"适宜""合宜"关系

---

① 林语堂先生认为父母对子女的爱是先天自然的结果,而子女对父母的爱则是后天文化的产物。一般而言,我并不反对林语堂先生的说法。但究其儒家哲学的彻底性来说,这两种爱应当既是自然的结果,又是文化的产物,两者之间仅有程度的不同罢了。

② 《春秋繁露义证》,《仁义法第二十九》,载《新编诸子集成》,北京:中华书局,1992年。

第七章 孝 养

中生成或找到其合适的,即合乎其本分、义理的定位,从而建立起"自我"。董仲舒将这种生成和定位过程称之为"自得"的过程,同时,这种生成和定位的失败就是"自失"。所以,每当我们或其他人在日常生活中犯了错,做出了什么有违义理,有失本分的事情,我们就会从心底里发出一种"羞耻"或"厌恶"的感受。这种由"适宜""合宜"而来的为物,为人的义理、本分不仅为我们划定了为人做事的义务和责任,而且更为我们个人在这个社会中的独特地位和权利提供了一定程度的保障。如此看来,儒家以"适宜"为核心的"公义"观念并不必然与西方契约社会以"个人权利平等"为核心的"公正"概念相冲突。相反,它应当是"个人权利"在某种更大的社会范围及历史场景下的认定和肯定。

儒家将成年子女孝养父母视为为子为女的道德本分,正是其以"适宜"为核心的儒家公义观念的典型体现。某些学者从以"个人权利平等"为核心的"公正"概念出发,认为倘若要求已成年子女孝养其父母,则是在社会财富的分配上,偏向于年老的一辈,从而对年轻人不公平。[1]但是,假若我们沿循儒家的思路,将社会人生不看作一个个孤立、自由的社会原子的契约型聚合,而是看作有机性的、整体性和流动性的生命之流,有其出生、生长、繁荣、衰老、死亡的过程。那么,试想还有什么能比儒家提倡的当孩子年幼时,做父母的尽其本分照料、呵护、关爱孩子;而当父母年老体病,丧失谋生能力或自理能力时,做孩子的尊敬并尽力孝养父母更自然、更公平、更符合公义吗?

儒家的第四个,也是最后一个重要的论证,出于对是否实行这一道德本分对现今文化、社会、经济乃至政治所带来的后果的考

---

[1] Norman Daniels, *Am I My Parents' Keeper?* pp.4—6.

虑。我们知道，家庭是古代中国文化、经济和社会生活的基本细胞单位。由家庭关系引生出来的行为规范和道德伦常，曾在中国人的生活中起过极为重要的作用，这一重要性即使在现今社会生活中应当说仍不减当年。在儒家的传统看来，家庭不仅是我们每一个人在其中得以生长的地方，而且也是我们每一个人的人格在其中得以生成和培育的第一所学校。父母往往是孩子的第一任老师，而父母的所行所为则常常成为孩子效法的榜样。换句话说，通过观摩我们的父母如何对待他们的父母，对待他们的亲人以及他们的朋友同事，我们就学会了应当如何和社会生活中的各式人等相处。因此，很难想象一个在家中对父母毫无孝爱之心，对亲人毫无关爱之情的人在社会上能够仁义待人，做一个好的公民。

当然，在考虑实行孝道的社会后果时，我们不会也不应当忘记，过分地强调孝道，强调子女小辈对父母长辈的服从与恭顺，混淆家庭生活与社会生活，乃至与公众政治生活间的区别，曾在过去传统的封建性父权社会中起过极为保守、甚至反动的作用。但是，在今天的社会生活中，我们也许更应该看到，年龄的长幼不再必然和政治威权相联系。相反，在许多领域和情形里，老年人往往因为年老多病而成为劣势的和弱势的一群。因此，儒家强调把孝养父母视为为人子女的道德本分，不仅对于增进社会中老年人的福祉，而且对于增进整个社会中所有人之间的关爱，帮助营造整个社会各个阶层、各个群体间互帮互爱的和睦气氛，都是大有益处的。

此外，自有人类文明以来，照顾老年人从来就是任何社会所必须面对的问题。因此，问题的实质并不在于我们是否应当照顾社会中的老年人，而在于谁应当照顾他们以及应当如何照顾他们。假如丹尼尔斯/英格莉希的说法是正确的，即我们对年老父母并没有比对街上的任何一个陌生人有更多的道德本分上的承担，或者

第七章 孝 养

说,是否孝养老人的道德承担,必须建立在子女自愿同意的基础之上,那么,就有可能出现两种情形:或者那些年高体弱、多病且丧失继续工作能力的老人由整个社会来照顾;或者听由他们流落街头,受苦受难。显然,听由他们流落街头,受苦受难是不道德的,也是任何一个文明社会难以接受的。于是,结论自然就是由整个社会(经过政府的福利计划)来承担赡养和照顾老人的重担。但如果这样的话,我们的问题就变得更清楚了。换句话说,现在的问题不在于是否应当赡养、照顾老年人,而在于谁应当去赡养、照顾他们?如果说照顾老人是整个社会大众的道德本分和社会责任,那么,我们可以接着问下面两个问题:第一,为什么我作为我父母的子女没有被要求承担赡养自己父母的本分和责任,相反却去要求作为陌生人的公众来履行这一道德本分?无论于情于理,这都难以成立。第二,政府能够负担得起这一重任吗?几乎每一个现代国家政府近乎天文数字的,而且愈益加大的养老年金预算,很难使我们对后一个问题的答案乐观。

应当指出的是,儒家的立场并不是要否认每一个老人都有在年轻力壮时筹划、准备自己老年生活费用的本分,也不想否认整个社会大众有照顾老年人的义务。儒家的理论只是想强调家庭这一社会生活的基本单位,在履行赡养老人这一根本道德本分和社会责任中的重要性。一个人在家庭中为人子女这一存在论的"事实"势必赋予他或她特定的,同时也是相应的社会名分和道德本分。如果我们每个人将自己所担负的"个人的""家庭的"和"社会的"三方面本分结合起来,努力实现,儒家"大同社会"的理想也就为期不远了。在大同社会里,

> 天下为公,选贤与能,讲信修睦,故人不独亲其亲,不独子其子,时老有所终,壮有所用,幼有所长,矜寡孤独废疾者,皆

有所养。男有分,女有归。货恶其于地也,不必藏于己。力恶不出于身也,不必为己。是故谋闭而不兴,盗窃乱贼而不作,故外户而不闭,是谓大同。①

综合以上儒家关于孝养父母道德本分的"论证",我们不妨说儒家的论证乃是"一揽子的"论证。这种一揽子的论证建立在对人性,对社会生活复杂性的充分理解之上。这里的每一个论证,倘若"分析"出来,未必特别坚固有效。但将他们拢在一起,就构成了对道德本分的"强有力的"论证。相形之下,丹尼尔斯/英格莉希的论题将人的道德责任"单线条的"维系在人的作为自由意志之实现的"主观同意"之上,就显得太单薄和狭窄了。

最后还应当指出的是,强调我们日常生活中伦理道义的存在论基础,并不必然导致否认道德主体的主观自由意志,在道德范式形成和演变过程中的重要作用,或者导致我们接受"凡是存在的就是合理的"之类保守的黑格尔主义式的伦理政治结论。本文这里所能与所想指出的仅仅是,关于人的道德本分与道德责任问题的进一步解答,势必引导乃至迫使我们进入对人的生存方式的存在论发问和分析的深处,而儒家传统对处理这一难题的思想资源和遗产,也许可以提供给我们某些启示。

---

① 《礼记·礼运第九》,载《十三经注疏》,(清)沈元校刻,上海:上海古籍出版社,1980年。

第八章 解　释

第1节　庄子的故事和解释学的问题

《庄子·天道篇》中有一个桓公与轮扁的故事。故事说,有一天桓公在堂上读书,工匠轮扁在堂下斫车轮。轮扁看见桓公读得津津有味,十分投入,就放下锥凿走上前来,问桓公读得是什么书,为何如此入迷?桓公答曰,读的是圣人之言。轮扁又问,圣人还在吗?桓公回答,圣人已死。听到这话,轮扁就说,主公,非也,你读到的充其量不过是古人的糟粕罢了。桓公听罢大怒,定要轮扁给一说法。于是,庄子就借轮扁之口,说出了下面一段意味深长的话:

> 斫轮,徐则甘而不固,疾则苦而不入。不徐不疾,得之于手而印于心,口不能言,有数存焉于其间。臣不能以喻臣之子,臣之子亦不能受之于臣。是以行年七十而老斫轮。古之人与其不可传也死矣,然则君子之所读者,古人之糟粕已夫。①

庄子的这一故事涉及现代哲学解释学的一个核心问题,即关于我们所要理解和解释的文本的书写,言谈及意义之间的关系问题。在桓公看来,文本的真实意义并不随着圣人的死亡而消失。

---

①　参见《庄子今注今译》,陈鼓应注释,北京:中华书局,1883年,第357—358页。

它通过圣人的言谈、书写保存下来，流传开去。今天我们理解圣人典籍的本义，就是要通过聆听圣人之言，阅读圣人之书来达到。换句话说，流传至今的圣人之言、圣人之书与作品本义之间并无不可逾越的鸿沟。相反，这些圣人之言和圣人之书乃是我们今天通向作品本义的唯一可靠桥梁。与桓公的这一立场相左，轮扁用他几十年斫车轮的经验说明，一个文本的真实意义并不能毫无妨碍地通过作者的言谈和书写保存下来，流传开去。作者之言、作者之书非但不能成为判断作品原义的最后根据，相反，它们往往成为阻碍我们达到文本的真实意义的屏障。

应当指出，尽管桓公与轮扁在关于语言在理解过程中的作用，在关于文本的书写、言谈及意义之间的关系问题上答案截然不同，他们所持的根本哲学立场可能却相差不远。例如，桓公似乎也认定每一文本都有一个真实确定的意义，甚至并不绝对反对轮扁的说法，即这一意义可以通过作者"得之于手而印于心"的途径达到。他们之间的区别与争论仅仅在于，这一意义是否以及如何"能言"，或者说，这一意义能否以及如何通过语言被他人理解和传达。所以，从现代解释学的观点来看，庄子及其后学在这里尽管涉及解释学的根本问题，但他们对问题的理解和解决则似乎太过简单和偏颇。

那么，真的存在着独立、客观的文本意义吗？在现代解释学哲学家的眼里，一个作品（文本）的"客观"意义与读者的"主观"理解和解释，中间究竟是怎样的一种关系？作者、作品（文本）、读者间由于语言（无论是书面语言还是口头语言）、历史、文化、地域而产生的间距究竟是理解和解释的障碍？还是理解和解释得以可能的条件？文本解释能达到"真理"吗？如果能，那这种"真理"在什么意义上为"真"？本文以下将重点通过讨论法国现代解释学哲学家利科关于文本与解释的思想,以期能为上述诸问题的回答,找到某些启示和线索。

第2节 文本、言谈和书写

在"解释学的任务"一文中,著名的法国现象学哲学家利科将解释学初步定义为"与'文本'解释相关联的理解程序的理论"。作为当代解释学哲学的奠基人之一的德国哲学家伽达默尔也说解释学从"对文本的理解艺术"开端。① 由此可见,解释学的任务就在于对文本的理解和解释。

那么,什么是解释学意义上的"文本"呢？利科首先说:"文本是通过书写固定下来的言谈。"②关于对这一说法的传统解释,利科的讨论依据的是19世纪瑞士著名的语言学家和结构主义哲学的先驱索绪尔关于语言(langue)与言语(parole)的区分。在索绪尔看来,所有的语言学研究的对象应当包含两个方面:一方面是语言的结构部分,它是普遍的、社会的、共时性的和不依赖于具体个人的;另一方面是言语的行为部分,它是具体的、个别的、历时性的和异质性的。在我们的语言生成和发展过程中,这两个方面"是紧密相连而且互为前提的:要言语行为为人所理解,并产生它的一切效果,必须有语言结构;但是要使语言结构能够成立,也必须有言语

---

① H. G. Gadamer, *Truth and Method*, New York: The Continuum Pub. Co., 1993, second revised edition, p. 215.
② Paul Ricoeur, "What is a text? Explanation and Understanding", in *A Ricoeur Reader: Reflection & Imagination*, ed. by Mario J. Valdes, Toronto and Buffalo: University of Toronto Press, 1991, p. 43.

行为。"①在语言结构与言语行为区分的基础上,索绪尔确立了书写文字的地位。索绪尔说：

> 语言与文字是两种不同的符号系统,后者唯一的存在理由是在于表现前者。语言学的对象不是书写的词和口说的词的结合,而是由后者单独构成的。但是书写的词常跟它所表现的口说的词紧密地混在一起,结果篡夺了主要的作用；人们终于把声音符号的代表看的和这符号本身一样重要或比它更加重要。这好像人们相信,要认识一个人,与其看他的面貌,不如看他的照片。②

这样,我们从索绪尔那里得到了一幅由语言结构(langue)到口语言谈(parole)再到书写文本(text)的逐步以降的图画。因为书写的文字只是言说的语词表现,并无加入任何新的成分,所以书写的文本低于口语言说。

利科对索绪尔的这一语言、言语和文本关系的传统解释不以为然。利科指出,从解释的角度来看,在传统关于语言的学说中,不加思索地给予语音以优先地位是大有问题的。一般讲来,虽然所有能写出的就肯定能被说出,但书写一定还可以表明一些"超出"言说的东西,否则就没有书写的必要。也恰恰是书写的存在才更多地引出和说明解释(interpretation)的重要性与必要性。在利科看来,文本所赖以建立自身的书写阅读关系,与言说所赖以建立自身的对话问答关系有着根本性的不同。

第一,对话乃对话者之间通过言说、问答的直接沟通。与对话

---

① 费尔迪南·德·索绪尔：《普通语言学教程》,高明凯译,北京：商务印书馆,1980年,第41页。

② 同上书,第47—48页。

第八章 解 释

相比较,文本的书写与阅读则缺乏这一层直接的沟通关系。这也就是说,在书写和阅读、作者与读者之间有一时空的间距。由于这一间距,读者在作者写作时与作者在读者阅读时缺席。利科将这一现象称为文本主体的当下"双重消殒"(double eclipse)。也正是由于这一消殒而产生的间距使得"书写的文本"具有"建设性"。这一间距也我们意识到,应当是文本而非作者或读者占据着理解和解释的中心。用利科自己的话来说就是,

> 书写使本文相应于作者意图的自主性成为可能。①

这样说来,文字书写,也只有当它逃脱言说的禁锢,不再被视为后者的誊本或赝本,才真正意味着其作为文本的诞生。也就是说,作者的"死亡"同文本的"诞生"是同时的。

> 有时我想说,阅读一本书就是要将其作者视为已经死去了,将此书视为作者的遗著。因为只有当作者已经亡故,此书的意蕴关联才会如其本然所是的那样完整无缺。作者不再能够响应,所剩下的就只有阅读他的作品。②

> 一旦文本取代了言谈,就不再有说话者。③

第二,将文字书写从对话言说的阴影里解放出来不仅标志着文本主体的"死亡",而且同时也意味着文本语言与它所意指的世界的关系的重新理解。我们知道,语言,无论是口头语言还是书面

---

① Paul Ricoeur, "The Humaneutical Function of Distanciation", in *Hermeneutics and The Human Sciences—Essays on Language, Action and Interpretation*, ed. and trans. by John B. Thompson, Cambridge: Cambridge University Press, 1981, p.139.

② Paul Ricoeur, "What is a text?", p.45.

③ Ibid., p.47.

语言,都是通过符号、语句的形式述说关于世界中的某个事物、事件或某种事态。利科指出,语言的这一"关于什么什么的述说"的结构,一方面表明语言与它所述说的或者所指向的"世界"之间总有一个间隔、一段距离;另一方面,它也表明述说行为本身就是要在这个"之间"消除间距,架起桥梁,从而使"世界"展现出来。但是,利科又指出,在口头对话与文字阅读的情况下,语言所指的"世界"的展现情形是各个不同的。在口头对话中,世界"表现"出来(presented);而在书面阅读中,世界则是"再现"开来(represented)。

我们也许可以用下面的例子来说明利科的这一观点。假设有一对夫妇,大李与小梅。大李下班回家,小梅告诉大李:

(1)"猫咪吃掉了蛋糕。"

大李一下子就明白了小梅的意思:原来今天是自己的生日,小梅沮丧地为她的宠儿猫咪吃掉了她为大李准备的生日蛋糕而感到抱歉。因此,小梅说的是

(1a) 猫咪吃掉了蛋糕。

我们知道,在这一口头对话的情境中,"猫咪吃掉了蛋糕"这一语句的意义与其所指称的世界"猫咪吃掉了蛋糕"之间的连接,由于说话者大李与小梅以及围绕他们的周遭环境的"在场"就一下子变得一目了然。所以,利科说道,

> 在言说中,说话者不仅相互之间在场,而且,言谈时的处境,周围的环境也一道在场。正是在对这一周遭环境的意蕴关联中谈话获得了其全部的意义……因此,在活泼泼的谈话中,所说出的话语的理想意义指向那实际的所指,即指向我们

第八章 解 释

所说的东西。……意义蔽入所指,而所指则蔽入当下显现之中。①

但是,在文字阅读中,情形则大不相同。不仅说话者不在场,言谈时的处境以及周遭环境也都隐而不现。文本的所指不再当即显现。这一文本与文本的所指之间的延搁或悬搁现象并不意味着在文本阅读中,不再有文本的所指,而是说文本现在不再直接指向显现的世界。它从当下世界的显现中"自由"出来,指向其他的文本。按照利科的说法,与阅读文本相关的其他文本的作用,在阅读中就相当于说话者的处境与周遭环境在言谈、对话中的作用。例如,在我们上面给出的例子里,当我不是作为对话者听到而是作为读者读到(1)"猫咪吃掉了蛋糕"时,展现在我面前的并不必然就是(1a)的世界,即"猫咪吃掉了蛋糕",因为谈话者大李和小梅以及伴随他们的实际周遭环境,全都退隐不现。换句话说,虽然作为读者的我所面临的是实在的文本,但这个文本所指向的则是种种可能的世界,而非某个现实存在的世界。倘若如此,除去第一种情况,即1(a),我还可能遇到如下的种种情况:

情况2:可能早晨上班前,大李与小梅打赌,说猫咪不会吃蛋糕,因为他只见过它吃鱼或者买来的猫食。大李走后,小梅拿出一块蛋糕喂猫咪。猫咪吃了蛋糕。

倘若上述可能世界为真,那么,当我读到(1)"猫咪吃掉了蛋糕"时,我应当将之解释为

(1b)猫咪吃掉了蛋糕。

也就是说,小梅说这话的意思是告诉大李他输了,猫咪不是不

---

① Paul Ricoeur, "What is a text?", p. 46.

吃蛋糕的。

情况3：可能这两天猫咪生病了，厌食不吃东西。早晨大李与小梅还为之担心。所以，当大李晚上回来，小梅便忙不迭地告诉大李。

(1c) 猫咪吃掉了蛋糕。

这里，小梅想说的是，猫咪今天吃掉了蛋糕，说明它的病有所好转。大李不必再为猫咪担心了。当然，我们还可以设想各种各样的其他可能情形。在这种种不同文本的意蕴关联下，语句"猫咪吃掉了蛋糕"作为文本(1)就会呈现出不同的意义，例如(1a)(1b)(1c)等等。由此，利科得出结论，

> 任何的文本，随着它与其世界的关系的消隐，就获得了自由，并将自身投入到与其他文本的关联中去。这种与其他文本之间的关联取代了在活泼泼的言谈中被指称着的周遭现实的位置。这种文本与文本间的相互关联，就在作为我们言谈所及的世界的消隐中，促生了文本或者文学的"准世界"(quasi world)。①

所以，对于阅读活动而言，我们作为读者，面对的就是这样的一个似乎"既无作者，又无世界"，自主独行却又相互关联的文本世界。利科将这种文本的自主性又解释为"文本相应于作者意图，作品情境以及原初读者的独立性"②，而正是由于这种独立性或自主性，文本的解释才成为可能。于是乎，内在于文本的本质中的文本

---

① Paul Ricoeur, "What is a text?", p. 47.
② Paul Ricoeur, "Metaphor and the Central Problem of Hermeneutics", in *Hermeneutics and The Human Sciences—Essays on Language, Action and Interpretation*, p.165.

第八章 解 释

与原作者,以及与文本所指的当下世界之间的时空间距,非但不成为阻碍理解与解释的屏障,相反,它应当是真正的理解与解释成为可能的源泉和必要前提。

第3节 狄尔泰的主体解释与结构主义的文本说明

就其本质而言,阅读是一种理解与解释行为,因此,它涉及读者与文本的关系。在大多数解释学哲学家看来,关键的问题并不在于询问阅读作为理解与解释是否可能,而在于描述这种理解与解释是如何在实际上发生的。为了能够真确地描述理解与解释的发生过程,利科首先批判性地考察了目前有影响力的两种解释理论,并将之作为自己的思想资源。

利科首先考察德国哲学家狄尔泰的主观解释理论。我们知道,狄尔泰知识学说的基础在于说明(erklaeren)与理解(verstehen)的区分。在狄尔泰看来,所有科学知识的对象领域无非有两个,一个是外界自然,一个是精神心灵。自然科学立足对于客观世界对象的观察和说明,并且这种观察与说明遵循着数学演绎与归纳逻辑的路径。与之相应,历史精神科学乃是关于心理主体、人生和精神的科学,它探究人的精神、心灵及其表达的历史与人生。前者导致科学说明,后者则引向精神理解。这也就是狄尔泰的名言"我们说明外界自然,但我们理解心灵人生(Die Nature erklaeren wir, das Seelenleben verstehen wir)"[①]的意义所在。

[①] Wilhelm Dilthey, *Gesammelte Schriften*, V, 144; Also see Richard E. Palmer, *Hermeneutics—Interpretation Theory in Schleiermacher, Dilthey, Heidegger, and Gadamer*, Evanston: Northwestern University Press, 1969, p.105.

既然理解是一种心灵间的沟通过程，那么就其本质而言它就是"主体间"的。用狄尔泰的话来说就是，理解乃是"对他人及其生活表达的理解"。而解释则体现为理解主体生命、生活的途径或方法。狄尔泰将人的生命、生活的表达具体分为知识、行动、精神的体验表达这几种类型。并且，他还指出每一种表达类型都有其简单与复杂的形式。这种解释和理解既是心理的、主观的，又是逻辑的、客观的。当这里说解释与理解是心理的和主观的，狄尔泰指的是每一种解释作为理解的过程，都是作为读者的主体，在历史性的生活中，经由移情想象把自己置入他人的境况，而与作为作者主体的他人之间的心灵精神沟通。当说到解释和理解又是逻辑的和客观的，狄尔泰是说这种移情想象与主体间的心灵沟通，在历史和精神科学中，必须通过对符号、文本，尤其是对艺术作品与历史经典的阅读和解读来达成。而这些符号、文本、艺术品、历史经典，作为内在生活的外在表达与历史生活的现今表达，乃是作为读者的我和你与作为作者的他或者她之间共有的。因此，符号、文本的存在以及它们在我们阅读过程中的角色与作用，就使得我们从理解的个别性、主观性中脱离出来和升华起来，从而达到历史精神科学中解释和理解的客观性与普遍性。

但问题在于，符号、文本、艺术品和历史经典，作为作者主体的内在生命与生活的外在表达，是在什么意义上，又是在何种程度上，达到了一种科学的与逻辑的普遍性与客观性呢？假若理解必须从主体的内在生命与生活的体验出发，解释究竟能不能达到普遍性与客观性的目标呢？应当说狄尔泰对这些问题的回答尽管肯定，但无疑也是不那么令人信服。狄尔泰曾以他自己阅读马丁·路德的经验为例说道，

> 当我浏览路德的书信和著作、他同时代人的评论意见、有

第八章 解 释

关宗教争议和议事会记录以及他和官员们的往来文件时,我就体验经历到了这样一个宗教性的过程,在其中,生命与死亡具有如此的爆发性能量,这一经历和体验超出我们今天任何人的直接经验之外。但是,我可以再经历它。我将自己变换到这些情境中,而在其中的每一桩事情都将宗教的情感推向某种超乎寻常的高潮。……通过将一般人性、宗教氛围、历史环境以及路德的个性品格串联起来,我们就可以理解路德的发展历程,而这一串联过程,就打开了在那拓宽了人类生存可能性之境域的、新教改革初期时的路德和他的同伴们的宗教世界。①

狄尔泰在这里谈论自己阅读路德的特别体验,这当然无可厚非。但他进一步宣称这种主观的阅读经验能够超出自身,"逾越"并达到客观性的高度,这就显得有点根据不足了。正因为如此,利科不满意狄尔泰这一经由主观解释,达到客观理解的立场。利科对狄尔泰的主观立场曾有一个非常精辟的概括,他说,

> [狄尔泰的]理解寻求一种与作者的内在生活的相契和相同。它试图再造那使作品得以产生的创造性过程。……虽然生活的外在化更多是意味着对自我与他人解释的某种间接和媒介性质,但正是在心理学意义上的这一个与那一个自我,才构成解释诉求的对象。解释总是以生活经验的再生、再建(Nachbildung)为目标的解释。②

---

① Wilhelm Dilthey, "The Understanding of Other Persons and Their Life-Expressions", in Kurt Mueller-Vollmer ed. *The Hermeneutics Reader*, Oxford, Basil Blackwell, 1985, pp. 160—161.

② Paul Ricoeur, "What is a text?", p. 50.

在利科看来,狄尔泰这种将理解定义为主体间的心灵沟通,并将解释视为经由阅读符号、文本而达到理解的一种客观化途径的说法,反映出狄尔泰解释概念中的心理学主观基础与逻辑学客观目标之间的不谐和冲突。尽管狄尔泰自己在其思想的后期阶段,也不断地尝试摆脱这一不和谐。不过,他始终未能超出浪漫主义解释学主体解释的阴影。关于这一点,伽达默尔也曾有过一针见血的批评。在伽达默尔看来,对于狄尔泰和其他浪漫主义解释学哲学家来说,

> 每一次与文本的接触,都是精神的一种自己与自己的接触。每一个文本既是陌生的,因为它展现为一个问题。它又是熟悉的,因为该文本在根本上一定是可以理解的。纵然我们可能对于该文本所知甚少,但只要知道它是文本、著作,是精神的某种表达就足够了。
>
> ……
>
> 历史中的一切东西都是可理解的,因为一切都是文本。①

如果说对狄尔泰的理解、解释理论的批评思考构成了利科文本理论的重要背景来源之一的话,他对当代结构主义的有关文本结构的解说理论的批判性分析,就应当被视为其另一重要背景来源。与狄尔泰强调解释的主观方面,强调作者与解释者的心灵沟通不同,当代结构主义则强调解释的客观方面,即文本本身的结构在理解和解释中的作用。文本,就其本身而言,并不如狄尔泰所说的那样,是什么作者生命、生活体验的外在表达手段。文本一旦被创作出来,就与作者"绝缘"。它也不完全受其所意指的世界对象的束缚。作为语言现象,它既不被谁说,也不跟谁说,也不针对什

---

① H. G. Gadamer, *Truth and Method*, pp. 240—241.

第八章 解 释

么说。它只是自说自话,展开自己的结构,实现自身的功能,阐明其中的意义。正如利科所说,

> 文本不像言谈那样要对谁说,就什么而说。它无超越的目标,只向内,不向外。①

就方法论的层面而言,结构主义的解释理论不像狄尔泰的解释理论那样,依赖以主体交谈为中心的心理学和社会学,它更多的是从与文本阅读相关的语言学吸取养料。所以,语言的话语结构分析就成为结构主义文本解释的向导。

利科举出俄罗斯形式主义文学理论家弗拉基米尔·普罗普(Vladimir Propp)关于俄罗斯民间故事的结构分析,以及法国文化人类学哲学家列维·斯特劳斯(Levi Strauss)关于原始神话的结构分析作为例证。在普罗普20世纪20年代写成的《民间故事的形态学》一书中,他分析了一百个俄罗斯传统的民间故事。他发现,这些民间故事一方面不乏丰富多彩的情节内容,但同时又具有似乎如出一辙的叙事结构的诸功能。普罗普认为,所有的这些俄罗斯民间故事不出三十一个叙事功能和七个行动范围之外,它们具有相同的结构类型。但是,故事的功能与范围具体由谁实现,如何实现则是多种多样、五花八门的,它们就构成故事的可变因子。尽管由于这些可变因子的缘故,每个故事的情节各个不同,但因为它们的叙事功能都是恒定的,所以从整体上看,所有故事的叙事结构是不变的。斯特劳斯关于原始神话的结构分析也是一样,但他更多关注叙事的关系结构,而非功能结构。在斯特劳斯看来,组成神话的诸单元,或"神话要素"之间,并非无逻辑性的和无连贯性的。一个神话的意义应当从神话要素之结合的方式中去寻找。例如对著

---

① Paul Ricoeur, "What is a text?", p. 51.

名的俄狄浦斯神话,斯特劳斯列出四个竖栏 ABCD,每一竖栏包含有不同的"神话要素"。当我们阅读这个故事时,我们沿循故事的自然关系,从左到右,从上到下横着读。但当我们要理解这个故事时,我们则应当从上到下,从左到右一竖栏,一竖栏地读解。在斯特劳斯看来,A 栏和 B 栏,C 栏和 D 栏在俄狄浦斯神话中,构成两两对立的结构态势,而对这一结构态势的体认,就使我们理解到俄狄浦斯神话的意义就在于:揭示自然与文化的紧张与对立。

  在利科看来,尽管结构主义哲学家从 20 世纪语言学以及符号学的最新发展出发,从文本自身的语言结构分析入手,在文化人类学、民俗研究、神话研究以及文学批评等领域取得了长足的进展,但这种结构分析至多仅构成了一种关于神话和传说的科学"说明",还没有达到哲学解释的高度。这也就是说,结构主义夸大了在解释过程中,文本对于解释主体的读者、作者及其创作、解读情境世界的"独立性"和"自主性"。他们不是把后者看作被暂时地"悬搁",而是永久的分离。这样,他们实际上剥夺了自己在文本意义解释方面的发言权。另一方面,结构主义所持的是一种科学主义的"独断论"立场。它似乎预设文本只能有一个内在客观结构。这一预设如果仅仅局限在语言学或者语文学的研究上,似乎还有几分道理。但是,一旦将之延展到所有人文、历史学科并将之视为其方法论基础,就立刻大有疑问了。例如,即便对于俄狄浦斯神话的解释,除了斯特劳斯的语言分析结构外,还有著名的弗洛伊德的心理分析的结构。如果两种都是科学说明的话,哪一种说明更为真实呢?也许,本来关于"说明"与"解释"之间的绝对界限就是不存在的,所谓科学的"说明",只不过是一种解释主体表面上被隐藏起来,但暗地里依然起作用的"解释"罢了。

| 第八章　解　释 |

第 4 节　利科的解释概念

过分地强调文本理解和解释的主观或客观方面都不能真正阐明解释的本性。既然如此,怎样的一条途径才能使我们正确理解文本解释行为的本性呢？我以为利科大致从以下三个方面来试图找到这样一条道路,以期建立他自己的文本解释概念和理论。

首先,利科问道,虽然文本的阅读解释势必涉及作为文本的一方与作为读者的另一方,但我们关于阅读解释本性的思考,是否一定要遵循传统主客两分的模式呢？这也就是在问,解释的本性是否应当超出传统认识论主客二分的模式,去到主客之先的存在论领域里考察呢？这里,利科无疑受到德国哲学家海德格尔对理解和解释的生存论分析的影响。按照利科的说法,理解和解释首先应被视为先于一般意义上的"语言、作品或文本现象",它原本应当是"一种存在力量"。关于这一"存在力量",利科进一步解释,

> 理解一段文本不是去发现包含在文本中的呆滞的意义,而是去揭示由该文本所指示的存在之可能性。因而我们将忠实于海德格尔式的领会概念,它基本上是一种筹划,或用有些矛盾的方式说,一个在先的"被抛入"的"筹划"。①

这一段话乍一看来十分费解,但只要我们熟悉海德格尔哲学的思路和术语,利科的想法就比较清楚了。

一般说来,在传统的主客二分的认识模式下,任何阅读总是读

---

① Paul Ricoeur, "The Task of Hermeneutics", in *Heidegger & Modern Philosophy*, ed. Michael Murray, New Haven and London: Yale University Press, 1978, p. 424.

者对文本或作品的阅读。这种模式在存在论上事先预设了读者和文本的分离。也正是由于这一存在论上的分离,我们进一步有了认识论上文本的客观意义和读者的主观意图的分离。于是,阅读就成了如何克服读者的主观意图,最终达到文本、作品客观意义的过程。但是,对阅读经验的现象学分析告诉我们,可能从一开始就没有什么纯粹的阅读。阅读总是阅读到了什么。就像海德格尔谈到关于听的现象学分析时所指出的那样,我们去听,但不可能从听纯粹的声音开始。我们总是先听到"林中的鸟啼""山涧的流泉""辘辘的车牯"或"马达的轰鸣"。所以,听与听到了什么,读与读到了什么是一而二,二而一的,不可能在存在论的层面上有什么离开了听到了什么的听,或者离开了读到了什么的读。这也就是说,在存在论上不存在离开了听者的倾听或离开了读者的阅读。这种倾听和阅读的过程作为理解和领会的模式,也就是文本、作品的存在的"筹划"过程。而这种"筹划"与其说是听者、读者"主观"意图的体现,还不如说是文本本身的"被抛入"存在,尽管这种"被抛"离不开理解和领会本身的"先有""先见"和"先把握"的结构。也正是因为理解和领会的这种不断筹划和被抛入的性质,文本的意义才得以不断丰富和不断更新。所以,利科又将这一作为理解的阅读、解释过程称为"自得"(Aneignung),并将之解释为一种辩证的过程。通过这一过程,文本与读者各自不断消化自身所面临的或进入自身的异己部分,达成自身的更新、生成和再生成。①

---

① Paul Ricoeur, "What is a text?", p. 57. 还应当指出的是,利科并不满意海德格尔。他同意海德格尔关于传统的认识论问题只有在新的存在论基础上才有可能得到正确的理解和把握的说法。但是,海德格尔只是空口许诺而已。在利科看来,当海德格尔退回到存在论基础之后,"就未能再从存在论返回到有关人文科学身份的认识论问题上来",而利科的解释理论所关注的恰恰正是如何回到这后一个问题。

| 第八章　解　释 |

利科在文本解释理论方面的第二个尝试在于,他企图综合上面讨论过的狄尔泰哲学的解释概念与结构主义的文本理论。他认为这两种学说分别看到了文本解释中的两个重要方面。但他们各执一端,结果蔽于大体。利科认为,一个新的文本解释概念应当在综合了上述两种理论精华的基础上方可形成。利科将结构主义的文本理论与狄尔泰的解释概念,视为仅只分别构成了文本解释概念中的正题和反题,而他的任务则是要在新的基础上找出它们之间的合题。应该说,利科把对文本的阅读和解释的本质理解为文本—读者的"自得"的说法,正是这一综合意图或寻找合题的意图的体现。

文本阅读与解释乃是文本—读者浑然一体过程中的"自得"。关于利科的这一说法,我们不妨从下面两个角度来理解。第一,在存在论上,文本一方面由于其内在具有的"间距性"性质,会始终保持着自在自主、独立不羁的性格。但另一方面,由于读者的始终"同在",文本不断生发"向外"的冲动,即有要求被解释,要求其意义得到实现的"渴望"和"筹划"。这样,它也就不再有在结构主义那里出现的似乎"不食人间烟火"的封闭性、内在性以及纯粹形式性的特征。相反,在阅读中,它自身得以不断的开放和更新。所以,利科说:

> 假如阅读可能,那么这确实就是因为文本不是自身封闭的,而是对外向着他物开放的。在任何条件下,阅读都是将一段新的话语连接在文本的话语之上。这一话语间的连接现象就表明,在文本的构成本身中存在有一种不断更新的原创能力。这一不断更新的原创能力就构成了文本的开放性特点。解释就是这连接与更新的具体结果。①

---

① Paul Ricoeur, "What is a text?", p. 57.

> "Appropriation"是我对德文术语"Aneignung"的翻译。［德文动词］"aneignen"的意思是说将原先"异己的"变为"本己的"。依照这个词的内涵，全部解释学的目标就是要同文化间距与历史异化做斗争。①

这两段话的意思说的是：读者的阅读解释活动不单纯是认识论上的文本意义的发现活动，它首先更是存在论上的文本意义的参与创造。这一创造过程包括克服异己，从而达到属于自身的东西的过程。正是在这一意义上，利科理解"自得"概念。所以他说，"自得"就是在这种通过阅读的参与创造过程中，读者"更好地理解自身，不同地理解自身，或者刚刚才开始理解自身"。② 因此，文本的阅读解释过程同时又是文本与读者的自我更新与再生成的过程。

第二，读者通过阅读解释参与文本意义的更新，并由此达到自身的生成的说法，决不意味着读者的阅读理解主要是解释主体的主观行为。倘若如此，那就回到了狄尔泰主观解释的老路。不错，我们阅读、解释一部作品、本文，在相当大的程度上就是在阅读、解释我们自己。但这种阅读、解释绝不是解释者的随心所欲，信口开河。

> "自得"，一旦被视为在文本中溢生出的东西的找回，就不再具有任意性。解释者的所说是一种重说（resaying），这一重说激活那文本中已说出的东西。③

---

① Paul Ricoeur, "Appropriation", in *Hermeneutics and The Human Sciences—Essays on Language, Action and Interpretation*, p. 185.
② Paul Ricoeur, "What is a text?", p. 57.
③ Ibid., p. 63.

| 第八章　解　释 |

因此,不是我们决定阅读,而是阅读决定我们。如果套用伽达默尔的一句名言"我们就是我们的对话",利科或许会说,"我们就是我们的阅读"。利科意识到,当我们将德文词"Aneignung"翻译为"Appropriation"时,有可能产生误导,让别人更多地从解释者的主观意愿方面来理解文本解释的本质。所以,他强调说,

> 有一种说法认为,一个掌握了自身特定在世存在的主体将他的自身理解的先天性,投射到文本上去或者读进文本中去。我的说法与此大相径庭。解释乃新的存在模式的展现过程,或者用维特根斯坦而不是海德格尔的术语,乃新的生活形式的展现过程,这一过程给主体以新的能耐知晓自己。假如文本的所指乃世界的筹划,那么,首先筹划自身的就不是读者。读者[的阅读]不过是自身筹划能耐的扩大,而这种扩大乃是通过获取某种从文本自身而来的新的存在模式时达成的。①

为了帮助人们理解这一点,利科还引进了"反思哲学"(reflective philosophy)或者"具体反思"(concret reflection)的概念。这一"反思"概念,按照利科自己的说明,有两层相互联系着的含意。一方面,读者在阅读、解释中达到的自我生成,并非直接生成,而是经由作为文化符号的语言间接达成的。通过语言的折射,意味着我们只能在语言之内阅读、解释,而不能超出语言,随心所欲地阅读与解释。换句话说,解释不是一种"对文本的行为"(act on the text),而是"文本[自身]的行为"(act of the text)。另一方面,阅读的文本只是中介,而非目的本身。阅读的目的是在读者和

---

① Paul Ricoeur, *Interpretation Theory*: *Discourse and the Surplus of Meaning*, Fort Worth: Texas Christian Univesity Press, 1976, p.94.

其自身之间架起一座桥梁。倘若忘记了这一点,那就会舍本逐末。在利科看来,结构主义的语言文本的结构分析与狄尔泰的作者和读者主体心理学分析的失误,就在于他们分别将"反思"这两端分割开来和对立起来。所以,利科建议将结构主义的文本结构分析视为解释的一个阶段,即说明阶段,而"自得"则是达成任何解释的目的和目标。这样,我们就可以在文本的说明(explanation)与解释(interpretation)之间搭起一座解释学的拱桥(hermeneutic arc),从而分别克服狄尔泰与结构主义在文本解释理论上的偏颇性。

理解利科文本解释概念的第三个层面,是他对解释的时间性意义的分析,尤其是他对其中"现在"这一时间维度的重视。在前面讨论文本概念时,我们曾经看到,文本这一概念自身中蕴含着的文本与其原作者(包括原作者在其中创作文本的周遭生活世界)之间,文本与文本所指称的对象世界之间的间距以及由于这一间距而来的文本与作者、文本与对象世界之间关联的被悬搁。可以说,这一"间距"与"被悬搁"就构成了现代解释学文本解释概念得以可能的出发点。需要指出的是,对于现代解释学的解释理论而言,除了文本与作者,文本与世界之间的间距关联之外,还应当或者更应当思考的是文本与读者之间的间距关联。而文本与读者间的间距关联得到重视,正是由于文本与作者、与世界的关联遭到悬搁的结果。此外,这一间距关联首先不仅仅在空间性意义上说明,它更重要的是还应当在时间性意义上被考虑和把握。在利科看来,文本阅读的解释过程中的"自得",无非是文本、读者间的"间距""关联"互动的结果。这种互动又作为克服"间距",建立"关联",化异己为本己的过程表现出来。按照利科的说法,这一过程在时间性上的表现就是"解释的现在维度特征"。由于这一特征,利科说,

> 解释"聚拢""等同"、呈递出"同时的和相似的"东西,从而

第八章 解 释

使那起先异己的东西成为真正本己的。①

利科还用意蕴(sense)和意义(meaning),符号学与语义学之间的区别和关联来说明解释这一"现在维度特征"。文本起初只有意蕴,而意蕴就是文本的结构和内在关系。通过读者阅读的语言行为,文本的意蕴得以在当下实现为文本的意义。

> 意蕴过去就已给出文本的符号学维度,意义只在当下才给定文本的语义学方向。②

所以,在阅读的过程中,文本解释说穿了就是使原先在文本中作为可能存在的东西"现实化",将其可能的因素通过解释者创造性地实现出来。例如,指挥家对一部乐谱的创造性读解,或一钢琴艺术家对肖邦作品的天才性演奏。在利科看来,结构主义的文本解释强调一种纯结构分析,主张将文本的所有非结构部分都悬置起来。这种方法在文本解释的一个阶段或初始阶段也许是必要的。但将之绝对化,并视之为文本解释的全部就大错而特错了。这种理解将解释过程误认为一静态的、非时间的或超时间的干巴巴的形式化过程,忘记了阅读解释乃是人的,在时间中的,活生生的生命、生活的一部分。所以,解释的"现在维度特征"所表明的是解释行为的具象化和具体化,这是与结构主义将解释行为抽象化、形式化正相反对。这一具象化的过程就是要在阅读的层面上将"对话"再现出来,即将先前悬搁起来的文本、读者、作者之间的世间关联再还原回去,不断显现出来。不过,这一在阅读层面上显现的"对话"式的文本解释尽管超越出静态的结构分析,但并不等于简单的回到狄尔泰的主体性解释。这里的对话不再是在对话者间

---

① Paul Ricoeur, "What is a text?", p. 58.
② Ibid.

展开,也就是说,一段话语或一个文本的意义,不能仅仅从或主要从谈话者或者作者的意图中,以及其生活经历的解释中去获得。阅读的"对话"首先在文本与读者之间发生。按照利科文本解释的本质是"自得"的说法,文本与读者在阅读中各自需要对方来达成自身的实现,文本需要读者来激活、实现它在书写文字中被悬搁起来的非形式化的生活的、生命的、历史的、文化的世界,而读者则需要文本并通过文本的激活来找到自身,丰富自身,甚至改变自身。

第5节 文本解释的两个实例

现在让我们来分析两个解释的实例。我们试图以此来进一步说明利科的解释理论,如何可以在具体的文本解释实践中发挥效应。

第一个例子是关于《圣经》中上帝命人类主管地球,以及地球上万物的一段经文的解释。我们知道,在《圣经·旧约·创世记》中,上帝用了六天时间创造天地,即创造日月星辰、高山大川、树木花草、飞禽走兽以及地球上的其他事物。最后,上帝按照自己的形象造出了人。因为人乃按上帝的形象造成,于是,人就被赋予"征服(subdue)地球"的权力,即有着"对于水中的鱼,空中的鸟以及对一切在地球上行走着的生物的主管权(dominion)"。这里,解释的关键在于对"征服"与"主管"的理解。传统的关于这一经文的解释又被称为是"宰制者解释"(despotism)。按照这一解释,第一,人乃天地之灵长,具有一半的神性,所以高居于万物之上;第二,人可以为所欲为,任意地宰制地球。这一解释,人们千百年来代代相传,习以为常,构成了西方基督教人文价值观的基础之一。我们知道,这一人文价值观在过去三、四百年间人类文明,尤其是西方科技文

| 第八章 解 释 |

明发展的过程中曾经起到过巨大的推动作用。但是,随着科技文明的飞跃发展和巨大进步,固守或对这一价值缺乏批判性反思,也使得整个人类面临和经历着越来越多的灾难和越来越大的危机,例如核战争、臭氧空洞、地球温室效应、物种灭绝、能源短缺及环境污染等等。在这人类被逐渐从其自古以来就栖居其上的地球"连根拔起"的时代,人们越来越怀疑我们赖以立身的价值并越来越多地重新发问:我们是谁?我们和我们生活在其上,在其间,在其旁的土地、森林、大气、河流、动物和植物,即我们的周遭环境之间究竟是一种什么样的关系?正如罗德芮克·纳什(Roderick Nash)所指出,

> 观念是关键。……最严重的污染是心灵的污染。环境的改善归根结底取决于价值的改变。[1]

面临生态环境急遽恶化的挑战,人类重新思考现今生活赖以为基的宗教价值。我们真的是地球的主宰吗?由于这一现代的困境以及由这一困境而来的问题,圣经的现代解释者,对于同一条圣经经文,给出了与"宰制者解释"不同的"管事者解释"(stewardship)。依据这一新的解释,第一,人在宇宙中仍然享有一独特的地位。但是,人的独特性并不在于他对他生活在其上的地球,有生杀予夺的宰割权,而在于他受托于造物主,对地球及其地球上的万物有管理权。第二,上帝将地球万物委托给我们人类,是要我们照管好它们,而不是要我们毁灭它们。因此,破坏、毁灭地球及其周遭环境就是违背上帝的旨意,是不可饶恕的罪恶。正如美国前副总统戈尔(Al Gore)在其著名的《濒临失衡的地球:生态与

---

[1] See Roderick Nash, *Wilderness and The American Mind*, third edition, New Haven: Yale University Press, 1990, p.12.

人类精神》一书中谈到这一现今流行的"管事者解释"时指出的那样，

> 在犹太教—基督教的传统中，圣经中的"主管"（dominion）概念完全不同于"主宰"（domination）的概念。这一不同具有决定性的意义。具体地说来，这一传统中的传人们肩负着管事的职责，因为同一条圣经经文在赋予他们"主管者"［大权］的同时，还要求他们在进行他们的"工作"时"照看"（"care for"）地球。①

古代与现今的人们对同一条经文之所以有两种乃至多种截然不同的诠释，主要并不是因为今天的人比古代的人对圣经的知识更广博，对圣经的理解更深刻。这里的不同主要是因为作为读者和解释者的今人，其生存筹划的处境，与古人的不同所致。② 倘若我们依循利科的思路，即任何经文"文本"，不仅仅是过去保存下来的僵死的语句字符，而更是作为文本—解释者合为一体的、在历史解释过程中的"自得"和"自成"的运动。换句话说，在文本的历史解释和传承中，并没有什么超出历史过程的、一成不变的、抽象的

---

① Al Gore, *Earth in the Balance: Ecology and the Human Spirit*, Boston: Houghton Miffin Campany, 1992。中译参见《濒临失衡的地球：生态与人类精神》，陈嘉映等译，北京：中央编译出版社，1997年，第31页。

② 关于这一问题的详细讨论，请见 Theodore Hiebert, "The Human Vocation: Origins and Transformations in Christian Traditions", in *Christianity and Ecology—Seeking the Well-Being of Earth and Humans*, ed. by D. T. Hessel and R. R. Ruether, Cambridge, Mass: Harvard University Press, 2000, pp. 135—154; John Passmore, *Man's Responsibility for Nature*, London: Duckworth, 1980; Robin Attfield, *The Ethics of Environmental Concern*, second edition, Athens and London: University of georgia Press, 1991; D. J. Hall, *The Steward—A Biblical Symbol Come of Age*, New York: Friendship Press, 1982。

第八章 解　释

文本实在。读者与解释者的生存筹划处境的变化不断影响、增减、改变着文本的实在本身。由于此，关于《圣经·旧约·创世记》的解释中的人的角色由"宰制者"变为"管事者"就不足为怪了。

"解释的冲突"不仅存在于对西方经典文本的解释上，在对中国古典经籍的诠注、解释过程中更是屡见不鲜。现在让我们来看一段二十多年前在海外儒家学者间发生的，关于儒家经典解释争论的公案。

这段公案争论的是《论语》中关于"克己复礼为仁"这一古训的解释。争论发生在美国芝加哥大学历史学荣休教授何炳棣先生与当时哈佛大学中国哲学教授杜维明先生之间。在一九九一年十二月号的香港《二十一世纪》杂志上，何炳棣先生批评杜维明先生在一九六八年的一篇英文论文中，从"修身"的角度来解释"克己复礼为仁"中的"克己"是对文本原义的"升级"和"蜕变"。在何先生看来，

> 诚然，克制自己过多过奢的欲望或克制自己过于偏激的言行，是可以认为是"修身"的一部分。因为修养确有消极抑压和积极发展的两个方面。但修养或修身在中英文里的主要意涵是倾向积极方面的——如何把自己的文化知识、良知、品德、操守、行为、求真、求美、风度、情操等等，通过不断地学习、实践、反思，逐步提升到"君子""圣人"或"自我完成"的境界。[杜文]开头即完全不提抑压的主要方面，立即提出"克己"与"修身"的密切关系，这第一步就已经转移了原词原意的重心。紧接着杜氏就把"克己"和"修身"等同起来，这就由量变一跃而为质变了。这是杜氏全文最重要的一个"突破口"，先从这突破口转小弯，接着转大弯，直转到一百八十度与古书原文重要意义完全相反，完全"证成"他自己的、崭新的、富有诗意的

"礼"论为止。①

在这一批评的基础上,何先生主张以古代史料中《左传》昭公十二年冬引证的孔子用楚灵王辱于干溪的故事,来解释孔子"克己复礼为仁"的真义。对于何的批评,杜先生在同期杂志登载的一篇简短答复中,一方面解释了自己三十年前那篇英文习作的写作背景,另一方面,他指出,

> 其实,何先生坚持"克己"的真诠应是"'克制自己'种种僭越无理的欲望言行",我并不反对;我要指出的是:"'克己'这个概念在英文中可被译为'to conquer oneself',但这个英文词组的特殊含意容易引起误解。因为孔子这一观念不是意指人应竭力消灭自己的物欲,反之,它意味着人应在伦理道德的脉络内使欲望获得满足。事实上'克己'这个概念与修身的概念密切相接,它们在实践上是等同的。"②

在这场争论中,尽管表面上看何先生与杜先生各执一端,但他们所争执的焦点却似乎仍是在传统解释概念的层面上展开的。这也就是说,争论双方所争执的乃是谁的解释更符合《论语》文本作者的原意。所不同的地方在于,何先生执意要到《左传》记载的历史故事中去寻找作者的原意,而杜先生则试图从《论语》文本的早期和后来诸解释者的关于"克己"中的"克"字的解释中来复原、充实作者的原意。关于这一点,陈荣捷先生指出清代学者刘宝楠(1791—1855)在《论语正义》中已先于杜解释"克己"为"修身"。而

---

① 何炳棣:"'克己复礼'真诠——当代新儒家杜维明治学方法的初步检讨",载于香港《二十一世纪》第八期(一九九一年十二月号),第140页。
② 杜维明:"从既惊讶又荣幸到迷惑而费解——写在敬答何炳棣教授之前",同上刊,第148—150页。

第八章 解　释

与杜先生同属当代新儒家阵营的刘述先先生,则进一步利用《论语》的"内证"材料来说明克己的消极功夫与修身的积极功夫是互相关联的。更为重要的是,刘先生还指出,由启发的角度去征引古籍,不仅符合春秋末年的时代风气,也是孔子本人常用的手法。所以,新儒家之"新"应当说是从儒家的创始人孔子那里就开始的。正是在这一宽泛的意义上,刘先生说:

> ……何先生古史的训练使他拒绝相信孔子的思想有这样突破性的创新,想要把它们拉回到古义中去求解。殊不知孔子要是没有这样的创新的话,根本就没法解释他在中国思想文化史上何以会占据这样重要的地位![1]

应当说,杜先生从宋明以来儒家强调儒学首先是为己之学的角度解释"克己"和刘先生这里的评论所显现的精神,与利科的文本解释理论十分贴近。第一,文本解释不能没有"内证",这也就是说,文本解释不是解释者的信口开河,也不能简单地维系于某一、二条"孤证"。文本的解释要求一种尽可能大的从文本结构、文本词语本身出发而来的整体融洽性。所以,一种好的解释是对由文本本身之"流溢"的认可与"重说"。第二,尽管在解释过程中某个特定的解释者可能被以这样或那样的方式"悬搁"起来,但从来就没有什么完全离开了解释者的"孤立"文本。因此,对于同一个文本,就可能出现多种不同的、甚至相互冲突的解释。这些不同乃至冲突的解释并非没有并存的空间,它们构成文本的"实在",甚至可以说,至少部分地因为这些解释的"冲突",文本之为经典方为可能。

---

[1] 刘述先:"从方法论的角度论何炳棣教授对'克己复礼'的解释",载于香港《二十一世纪》第九期(一九九二年二月号),第140—147页。

第 6 节　解释的真与真的解释

最后的问题是,倘若一经典文本的"实在"与"意义"随着文本与读者、解释者的关系、处境的变化而变化,倘若同一个经典文本可以允许几个不同的,甚至相互冲突的解释存在,那么,什么是文本解释的"真"呢?我们又根据什么来判定一文本解释的"真""假""高""低"呢?例如,就《旧约·创世记》的经文而言,究竟是"宰制者"还是"管事者"的解释更"真"呢?再就《论语》中"克己复礼"来说,究竟是何先生的解释还是杜先生的解释更"真"呢?对于这个问题,包括利科在内的大多数解释学哲学家似乎都没有给出明确的答案。但是,在我看来,利科的文本解释理论的过人之处,并不在于对这一问题给出了什么新的解答,而在于它在其自身中隐含着一条"消解"或"化解"这一问题的途径。为了更清楚地说明这一点,我想在这里区分两个概念,即"解释的真"与"真的解释"。这里,"解释的真"与"真的解释"中的两个"真"字无疑具有不同的意义。"解释的真"是在知识论的"真理"意义上谈"真",而"真的解释"则是在存在论的"真相"意义上谈"真"。传统的文本解释理论在解释的客观主义与主观主义、绝对主义与相对主义之间的困扰,正是由于弄不清或者混淆了这样两个层面上的"真"。而从海德格尔开始的现代哲学解释学中的"存在论转向"(ontological turn)正是从这个问题入手重新奠定了解释概念的基础。因此,无论是海德格尔的"领会"(verstehen)概念,伽达默尔的"效应历史"(Wirkungsgeschichte)概念,还是利科的"自得"(Aneignung)概念都应当被视为是在这个方向上的展开,正如伽达默尔在谈到他的解释概念与 E.贝蒂(Emilio Betti)的解释概念时所指出的那样,

| 第八章　解　释 |

无论如何,我的研究目的不在于提出一种关于解释的一般理论和关于解释方法的不同说法(E.贝蒂在这方面做得非常杰出)。相反,我是要去发现那对所有的领会模式都共通的东西,去表明领会(Verstehen)绝非是一种对给定"客体"的主观关系。领会是对效应历史而言的,换句话说,领会隶属于那被领会者的存在。①

一旦解释的"真"不再首先从知识论的解释命题的"真理"的角度,而是从存在论的存在的"真相"的角度来看,而存在的真相又离不开人的"亲在"(Dasein)的生存方式(或者更恰当地说,人的亲在的生存方式隶属于并不断地参与存在发生的"真相"),那么,文本"真相"的解释就不再是一种被动的"观照""反映"关系,而是一种随着领会者、解释者、读者的生存历史情境的变化而逐渐变化的历史"生成""自得"的存在过程。这也就是说,解释的"真理"首先是"真相"的解释性展现。这样,"同一"文本在不同的历史解释情境中产生不同的"真相"展现也就不足为怪了。这种情形往往在文学、艺术等创造性的"解释"中表现得最为突出。例如,我们很难说俞平伯先生的"桨声灯影里的秦淮河"是秦淮夜色的真相表白,而朱自清先生的同名散文就不是;同样,对于同一部贝多芬的《田园交响曲》,我们也很难说是赫伯特·冯·卡拉扬(Herbert von Karajan)指挥的柏林爱乐乐团的"解释",还是利奥拉德·伯恩斯坦(Leonard Bernstein)指挥的维也纳爱乐乐团的"解释"更"真"。应当说,它们同是"真"的表白、"真"的解释,只是这"真"的解释各个不同罢了。我想我们大概可以对《旧约·创世记》的"宰制者解释"与"管事者解释",对何炳棣先生和杜维明先生关于"克己复礼"的

---

① H. G. Gadamer, *Truth and Method*, p. xxxi.

不同解释说同样的话。在文本解释的过程中,"真"的解释作为存在论上的"真相"现身为文本存在的一个个独特的、个别的形态。它们相互之间虽有联系,但不能替代。所以,倘若硬要给出存在论上的真假标准的话,存在的独特性、本己性、差异性、创新性以及这种独特性、本己性的被放弃似乎应当给予特别的考虑,这大概也就是为什么海德格尔在谈到亲在的生存状态时选用"本真"(Eigentlichkeit)、"非本真"(Uneigentlichkeit)的概念,以及利科在谈到文本解释时选用"自得"概念的一个原因吧。

存在论上的"真的解释"并不必然与知识论上的"解释的真"相冲突。在文本解释中,存在论上的"真的解释"可以被视为文本存在域的开拓和更新,例如哲学史上黑格尔对康德的解释、海德格尔对尼采的解释、朱熹对儒家《四书》的解释等等。一方面,这些解释作为解释的"示范"不断导引、激励着文本存在域的继续更新与开拓;另一方面,一种新的解释方向一旦开辟,它就会在自身的运作过程中发展出一系列"技术性"的要求,诸如正确性,精确性、一致性、融贯性、完整性、有效性、预测性等等。这些要求构成知识论上"解释的真"的判准。因此,存在论上的"真"与知识论上的"真"并不总是同步的,有可能出现存在论上"真"而知识论上不那么"真",或者知识论上"真"而存在论上不那么"真"的情形。例如,在解释太阳系内天体运行的现象时,哥白尼的日心说在一开始提出时,或许并不比传统的托勒密地心说在精确性、一致性、融贯性、完整性、预测性等等方面更为"真"。但是,这丝毫不妨碍人们今天认定哥白尼的日心说是存在论上的"真",也没有妨碍人们说后来伽利略和开普勒的解释在知识论的意义上比哥白尼的解释更"真",以至于对之加以修正。

虽然存在论上的"真的解释"与知识论上的"解释的真"使用两

第八章 解 释

套判准,并行不悖,但我们在日常的文本解释实践中往往看到,在人们的由解释而来的知识的不同领域,例如自然科学的领域与人文艺术科学的领域;或者在同一领域的不同发展阶段,例如托马斯·库恩描述的科学"革命"时代与"常规"时代[1],文本解释的判准重点大概是不同的。一般说来,在诗歌、文学、艺术的解释评判中,或在科学"革命"的年代,人们往往更注重存在论上的"真的解释"。相反,在数学、自然科学、法律学、经济学等等领域,尤其是在科学发展的"常规"年代,人们会更注重知识论上的"解释的真"。认清这一点,可以帮助我们在文本解释过程中自觉地去谋求达到两种"真"的平衡,一方面避免用存在论上的"真"取消知识论上的"真",从而走向文本解释上的相对论与虚无主义,另一方面也防止文本解释的独断论,即将一己的或者某一特定领域的知识论判准,提升和扩大化为所有文本解释的判准,从而在根本上扼杀文本解释的生命力和存在论的可能性。

---

[1] 参见 Thomas Kuhn, *The Structure of Scientific Revolution*, second edition, Chicago: University of Chicago Press, 1970.

第九章 道　理

第1节 真理是"发现"还是"临现"？

在我们的日常的生活中，尤其是在理论思考与辨析中，人们常常需要说理。本章从"道理"与"真理"的概念分疏出发，建议用中国传统思想中的"讲道理"的说法来取代"讲真理"的说法，并在存在论上放弃具有绝对性和独一无二性的传统真理概念。生根和生长在中国思想传统和生活实践中"道理"的概念，比较起西方哲学正统中的"真理"的概念，应该更能使我们以交往和沟通为核心目标的日常"讲理"活动成为可能。换句话说，也许我们用讲道理的说法来取代我们当今流行的讲真理的说法，就可以避免和化解许多在伦理思想和哲学理论上的困惑。在哲学存在论上放弃真理概念，或者说用讲道理的说法取代讲真理的说法，并不意味着我们在日常生活实践中可以非理性地"蛮不讲理"或根本"无理可讲"。而是说，相反，正是因为我们讲道理，而非讲真理，人们之间的讲理和理解、沟通才更加成为可能。①

---

① 关于"哲学是讲道理的科学"的说法最早由陈嘉映提出，但陈主要是在"论理"的意义上谈论"讲道理"。参见陈嘉映："哲学是什么？"载于《读书》2001年第1期。本章关于"讲道理"替代"讲真理"的想法，主要受到2004年5月与兰州大学陈春文教授的一次谈话的启发。

| 第九章 道　理 |

20世纪50年代有两个脍炙人口的电影故事：西尼·卢曼特执导的美国影片《十二怒汉》和黑泽明执导的日本影片《罗生门》。中山大学哲学系倪梁康教授在一篇题为《〈十二怒汉〉vs〈罗生门〉——政治哲学中的政治—哲学关系》的文章中，以这两个故事为线索，提出了伦理、政治哲学中的真理性认知的问题。① 这个问题随即在学界引起了进一步的讨论。按照倪梁康教授的解释，电影《罗生门》所传达给我们的乃是一当今时代比较流行的关于真理的观念：即所谓真理，或生活中的真相，即便有，也根本无法再现和认知，或者至少无法通过众人再现。而电影《十二怒汉》则与之相反，表现出一种全然不同的真理观：真理是有的，但它并不决定于多数，它通过众人相互间的充分论辩、说理来达到，被发现。因此，倪梁康说：

> 《十二怒汉》试图向人们展示一个政治范式的成功案例。各种杂多的观点可以经过充分的讨论达成共识，这种共识不仅具有主体间的有效性，而且可以切中主体以外的对象，即客观的真相。②

显然，倪梁康的真理观比较接近后一种立场。在倪看来，电影《十二怒汉》中的故事表明，有分歧的众人可以通过相互间的讲理来达到真理/真相的生活事实，而这一生活事实的存在可以在哲学上推论出两个隐藏的前提：第一，讲理的人必定假设有客观真理作为目标而存在，否则争论和差异就不可能；第二，讲理的人必定假

---

① 参见倪梁康：《〈十二怒汉〉vs〈罗生门〉——政治哲学中的政治—哲学关系》，文章载于《南方周末》，2004年7月8日。
② 同上。

设有共同认可的讲理判准,否则无法评理。①

在我们日常的伦理和政治生活中,有分歧的众人真的可以通过相互间的讲理或说理来达到真理/真相吗?如果答案是肯定的,那么,这种真理/真相究竟是在什么样的意义上为"真"?

作为对倪梁康文章的响应,陈嘉映教授在其一篇名为《真理掌握我们》的文章②中提出了与倪不同的观点。陈嘉映认为,

> 十二怒汉走进审议室的时候,每个人都自以为他握有真理。通过争论,有些人认识到,他刚才错了,他刚才并不握有真理。我们会说,有些人错了,有些人刚才是对的,一些人的意见战胜了另一些人。这说法当然不错,但容易把我们误引向一种错误的真理论。我愿说:在诚恳的交流中,参与者都向真理敞开,真理临现。人所能做的,不是掌握真理,而是敞开心扉,让真理来掌握自己。只要我们是在诚恳的交流,即使一开始每一个人都是错的,真理也可能来临。真理赢得我们所有的人,而不是一些人战胜了另一些人。

和倪梁康所持的传统"真理发现说"不同,陈嘉映持有"真理临现说"。不过,在我看来,尽管两人的基本立场有别,但他们还是共

---

① 更进一步,倪梁康从他所推出的相互说理得以可能的两个前提又推出构建一个真正意义上的民主制度的两个必要前提,即人是有理性能力的动物与人是有政治能力的动物,用倪自己的话来说就是:"甚至可以说,现代民主制度之所以能够建立起来,说明它已经承认这两个因素,并以此为基础。"对于这一政治哲学的论断,倪在文中只是提出,似乎并未给予充分的论证。但至于现代民主制度是否必然建立在上述两个前提之上以及民主制度的两个前提是否一定能从相互说理得以可能的两个前提中推出,这个问题太大,超出了本文的讨论范围。

② 参见陈嘉映:《真理掌握我们》,载于《云南大学学报》(社科版),2005 年第 1 期。陈嘉映后来还应凤凰卫视世纪大讲堂的邀请,于 2006 年 4 月 7 日发表了同名电视演讲。

同认为,有真理。分歧仅只在于认为真理出现的方式不同而已。倪似乎依然坚持传统的真理观,即真理在于人的理性"发现"。稍有不同的地方大概在于,倪认为真理的发现不仅是认知主体个人的静观、独白、反映论式的发现,而更多的是通过主体间的相互对话、论辩和说理来共同达到这一发现。陈不同意真理的"发现"说,主张真理是"临现"。真理作为"临现"要求人作为对话者、谈话者的真诚和虚位以待。

但是,倪和陈的立场的主要困难就在于,真理如何能够通过主体间的相互对话、论辩和说理来被"发现",或者通过谈话者诚恳地"虚位以待"来"临现"? 换句话说,我们如何能够如此乐观地断定,通过主体间的对话、论辩,"真理"一定会"越辩越明"? 即便电影《十二怒汉》中陪审团的辩论,也没有能使陪审员达到"客观的真相"的结论,而只是达到怀疑原先的所谓根据"真相"提出的杀人指控而已。同理,什么叫诚恳地虚位以待? 如何才能断定一个谈话者是否真的"诚恳"? 我们知道有多少以诚恳开始的对话,最后"无果而终"? 即使我们弱化"诚恳"为真理临现的必要条件而非充分条件,我们仍然会问,一旦真理来临,我们又如何能够"真"的知道,真理"临现"了?

第 2 节　苏格拉底的诘辩法与追寻真理

真、善、美,历来被认为是哲学、思想乃至人类全部生活的最终价值目标,这一传统一般说大概可以追溯到古希腊的苏格拉底、柏拉图的哲学。我们知道,作为西方哲学的开端,苏格拉底著名的《申辩篇》中的辩护,不仅是为苏格拉底个人无罪的辩护,而是对"哲学"(爱智之学)本身的辩护! 在《申辩篇》的开首,苏格拉底借着法庭的神圣讲坛,向雅典民众道出了哲学活动的三点基本立场。第一,哲学活动的目标在于追寻真理和说出真理。"从我这里,你们将听到全部真理!"第二,哲学有着自己独特的言说方式,而这是和大众的言说方式格格不入的以问答为主的诘辩法(辩证法)。第三,哲学活动的本性就在于不断地去除传统的遮蔽和偏见,在于和"和阴影作战"!①

但问题在于,哲学真的如苏格拉底所宣称的那样,通过辩证诘辩的方式,引导我们去除偏见,到达真理吗?苏格拉底为了哲学理性的真理,从容赴死。近2500年后,在苏格拉底及其后世众多追随者用生命和鲜血浇灌出来的哲学、科学之幼苗长成参天大树的当今时代,一位苏格拉底的同乡,美国加州伯克莱大学哲学教授,希腊裔的著名苏格拉底、柏拉图哲学专家 Gregory Vlastos 对上述我们今天视为哲学概念之前提的立场提出了质疑。在他的著名论文 "The Socratic Elenchus"(苏格拉底的诘辩法)②中,Vlastos 首先引述了关于苏格拉底诘辩法的标准说法,即苏格拉底的诘辩在于通过问答论辩的方式探究道德真理。然后,通过对柏拉图早期对话中出现的以苏格拉底为主角的 30 多场问答诘辩文本进行分析,Vlastos 勾勒出苏格拉底的诘辩法的标准结构:

(1) 对话者表述一命题 P,对此命题,苏格拉底认为是错误的并且要最终拒斥它;

(2) 苏格拉底使得对方同意另外的一些前提命题,例如 Q

---

① 参见 Plato, *Apology*, 17a—18d, 载于 *The Trial and Death of Socrates*, trans. by G. M. A. Grube, Indianapolis/Cambridge: Hackett Pub. Inc., 1975, pp. 22—23。

② Gregory Vlastos, "The Socratic Elenchus", *Oxford Studies in Ancient Philosophy I*, Oxford, 1983, pp. 27—58。

| 第九章　道　理 |

和 R 等等；

（3）苏格拉底从 Q,R 出发推论,对话者也同意,Q 和 R 蕴含命题非 P；

（4）由此,苏格拉底宣称,命题非 P 被证明为真,命题 P 为假。①

在 Vlastos 看来,从这一标准结构可以看出,在问答诘辩过程中,一个命题只有作为回答者自己的信念被表述出来,才会得到论辩。而且,当且仅当对回答者的命题的否定是从他自己的信念中被推论出来时,回答者才会被认为是受到了拒斥。

如果仅仅这样,Vlastos 认为,苏格拉底的诘辩法就似乎犯了言过其实的错误。如果苏格拉底的问答诘辩要达到真理,它就不仅仅要证明命题 P 对于对话者来说是假的,而且要证明其本身就是假的,因为,在 Vlastos 看来,苏格拉底的对话者完全可以反驳说：

> 我完全看到我所认可的语句中的不一致性。但我可以不用你所建议的方式来清除这一不一致性。我用不着承认 P 是错的。我有可能说 P 是对的而 Q 是错的。你所说的一切完全不能阻止我采取这一不同的立场。②

所以,Vlastos 认为,要确保苏格拉底的诘辩法之为探究真理的方法,我们必须为苏格拉底增加两个未曾明言的假设：第一,任何拥有错误信念的苏格拉底的对话者,总会同时拥有包含有上述错误信念之否定的真信念。第二,苏格拉底任何时候拥有的信念之

---

① 应当指出,Vlastos 在文中还具体区分了苏格拉底诘辩法标准结构和非标准结构。鉴于这一区分与本文讨论的主题关联不大,在此不再细分。

② 参见 Gregory Vlastos, "The Socratic Elenchus", pp.22—23。

集合都是融贯的。这两个添加的前提保证了苏格拉底诘辩的出发点和诘辩过程的真理性。但是,这样一来的代价就是,真理成了苏格拉底诘辩预设的前提而非所要达至的目标。

第3节 "摆事实"与"讲道理"

Vlastos 对苏格拉底诘辩法的分析告诉我们,苏格拉底的诘辩法也许并非像原初许诺的那样,是"发现"真理的方法,相反,它恰恰是以真理为前提。① 但另一方面,这一分析也告诉我们,在我们的日常讲理、论辩过程中,我们常常不是在直接论理,而是在回溯到"理"成之为"理"的背景、缘由、基础、先见乃至偏见。

那么,究竟什么是"理"成之为"理"的背景、缘由、基础、先见?如何才能达到它们呢?最常见的回溯"理"之为"理"的基石的路径,是我们常讲的"摆事实,讲道理"或者"从事实出发"。按照这种说法,事实在先,道理在后,只有弄清了事实,"雄辩"才会接踵而来。但问题在于,这种关于"摆事实"和"讲道理"的绝对区分真是那么清楚明白和铁定无疑的吗?"摆事实、讲道理"看来好像"先"讲事实,"后"讲"道理",但究其实际,恐怕更应当说"摆事实"是在讲"事实认定"的"道理",而"讲道理"则是在讲"事实评价"的"道理"。②

---

① 海德格尔在对传统意义上的符合论真理观进行批评时,曾经下过同样的判断。参见 Martin Heidegger, *Sein und Zeit*, Tuebingen: Max Niemeyer Verlag, 1979, ss. 226—230。但需要指出的是,海德格尔的源初性"真理"是在存在论的"真相"的意义上,而非在知识论的命题真理的意义上说的。

② 关于"事实"与"道理"(论证)的关系,陈嘉映曾有非常精辟的讨论。参见,陈嘉映:"事物、事实、论证",载于《泠风集》,东方出版社,2001年,第 171—204 页。

| 第九章　道　理 |

一般说来,事实的评价极易发生分歧,而事实的认定则容易达成一致。一致性的评价和认定均需事先假定很多共同认可的东西作为前提,两者之间的区别大概在于:在事实评价的情形下,人们一般容易意识到哪些是共同预定的前提。但是,当其中一些人对这些前提的有效性发生疑问之际,人们对此事实的评价也就发生分歧了。在事实认定的情形下,由于那些共同预定的前提极少变化,人们也就习以为常,不加细究,以为它们根本不会变化。例如,千百年来,人类一直认为,"太阳每天东升西落",这是一铁板钉钉的事实。但曾几何时,正是这一"事实"遭到了另一"事实",即"地球每年沿椭圆轨道旋绕太阳一圈"的挑战。

这样说来,也许从根本上来看,事实认定和事实评价的绝对区别是难以成立的。俗话说,"事实只有一个,而评价则有多种多样"。这话值得斟酌。有完全离开"评价""认定"的绝对或纯粹事实吗?事实认定较之于事实评价,虽然情形较为复杂一些,但和评价一样,似乎依然很难摆脱"视域"和"境域"的纠缠。即使"亲眼所见"而来的"看似如此",也绝非就等于"确是如此"。

美国实用主义哲学家威廉·詹姆斯(William James)曾给我们讲过一个小故事①,这个故事也许可以帮助我们来深一步地思考这个问题。有一天,詹姆斯教授应邀去参加一个老朋友间的聚会。詹姆斯到达之前,朋友们正在为一个简单的"事实认定"的问题争得不可开交。在森林里面,有一个猎人和一只松鼠。松鼠蹲在高高的树上,面对着猎人。当猎人绕着树转过一圈时,松鼠在树上也转了一圈,而且始终保持着面对猎人的姿态。朋友们争执不休的

---

① 参见"What Pragmatism is",载于 William James, *Pragmatism*, Buffalo, New York: Prometheus, 1991。

问题是:究竟"事实上"猎人有没有绕松鼠一圈?是与否,争执的双方针尖麦芒,半斤八两,谁也不服输。究竟在这里有无真理性的事实呢?就在此时,詹姆斯到了,自然,他被邀请作为"裁判"。詹姆斯的裁决结果是:双方都有"道理",因为当甲方说猎人"事实上"环绕了松鼠一圈时,甲方的"事实"是说猎人在一个限定的时段里,分别而且有次序地到达了松鼠的东面、南面、西面、北面,然后再次到达了松鼠的东面。而当乙方说猎人"事实上"并没有环绕松鼠一周时,乙方是说,因为调皮的小松鼠始终面对着猎人,所以,猎人并没有能够在一个有限时段内,分别而有次序地从松鼠的前面抵达左面,再抵达后面,再抵达右面,最后再抵达松鼠的前面。在这里,甲方和乙方,双方所用的语词"环绕"的意义是不同的,由此产生了上面的分歧。

第 4 节 "讲真理"与"讲道理"

假若在很多的情形下,我们日常争辩、讲理的主要目的不再是"发现"真理,而是去试图显现所持之理背后或隐蔽处的背景、前提、先见,那么,传统的"讲真理"的说法似乎就应当为"讲道理"的说法所取代。这应当也是 20 世纪哲学以来语言学转向在知识论和真理学上所隐含的意义之一。

按照这一新的看法,一旦我们统一或者澄清了我们说话、争论中的所用的关键性语词和语句的意义之后,许多传统的哲学问题就会自然而然的得到化解和消解。这样,20 世纪以来的诸哲学流派中,"语言/意义"问题取代"事实/实在""知识/真理"问题成为哲学关注的中心,就构成了所谓哲学中的"语言学转向"。与此相应,作为传统知识论中的核心问题的命题的真理性问题,就为意义性

第九章 道 理

问题所取代。因此,当我们谈论"事实"时,我们首先要问的是在什么意义下说的事实。① 所以,对应于事实的不再是那唯一的,超越于一切意义的和视角的"真理",而是那依赖于或者至少与那不断充实和开放的"意义域"密切相关的道－理。"真理"强调唯一性、超越性,不承认由于历史、背景而来的差异性。所以,非真即假。而道理则强调合宜性,承认高低等级,承认历史、背景的差异性,并因而在很多情况下容忍多种说理情形的并存。我们不讲这个道理有绝对的真假,而讲在这种情形下这样的说法或这般的做法有"几分"道理。我们会问在同一情境下,这个(道)理和那个(道)理相比是否具有更多的"合理性"? 正如离开整个语言系统的单个语词和语句无法独自构成意义一样,单独的事实也不成之为事实。同样,道理也总是一串一串的,而一串一串的道理又形成道理的网络系统,而且这一系统还有着更大的境域背景在背后支撑和烘托。尽管这些系统内部的联络、联系往往显得并不那么紧密,但是,每一个(道)理恰恰正是在这样的一些理论系统和知识背景下才有其道理的。

第5节 "终极真理"的幻象

这样说来,"讲道理"似乎不应等同于传统"客观真理"论中的"讲真理"。但仅仅承认这一点并未使我们对问题的思考推进很多。我们需要进一步问:"讲道理"和"讲真理"之间究竟是一个什么样的关系呢? 关于这个问题,一个可能的解答是,讲道理实质上

---

① 但倘若争论的各方仅仅假设有某种"在先的"统一意义,那争论的焦点就会又转移到如何去达到或达成这一意义上去,这样,我们就会又回到"实在论"争论的老路。

就是讲真理。区别仅仅在于：道理乃部分的、初始的和相对的真理；而真理是整全的、终极的和绝对的道理。换句话说，"讲道理"以"讲真理"作为存在论上的前提和目的论上的指归。

显然，这种说法类似于我们日常所说的"相对真理"和"绝对真理"的关系，它构成了现代西方哲学中传统真理观的主流之一。西方哲学大家诸如黑格尔、马克思、皮尔士等，无论他们是在实在论的还是观念论的，有机论的还是实用论的立场上持有这种观点，均持这种整体论的和终极目的论式的真理观。这种观点的核心在于强调，每一种道理都在其本身的绝对界限之外有其存在的根据。但是，进一步思考可以发现，这种形而上学的强调和设定本身似乎是缺乏根据和论证的。因为，我们完全有理由问，我们凭什么说我们现在所讲的道理只是未来的、整体的、绝对的真理的一个阶段或一个部分？而且是初始的阶段和不完全的部分？

细究起来，我们这种关于道理和真理关系的观念大概出于这样的理由，即我知道我们现在相信和述说的道理往往可能出错，我们事实上也不断在日常实际生活的实践中，对之加以纠正和修正。而且，经验也告诉我们，随着这些修正和纠正，我们的道理，无论在其与我们同时信奉的其他道理的融洽程度，在其对已发生的过去情况、对现今正在发生的周遭情况的解释程度、对未来将要发生情况的预测力度以及遵循这些道理去行事而产生的实际效果上，往往都变得比以前更好，更完善。这样，我们也就自然而然地或者理所当然地认为，它越来越接近于我们所说的真理了。

应当说，这种通过每一道理本身的不断可完善性，来证明真理整体的绝对性的途径，和中世纪基督教神学哲学家托马斯·阿奎

第九章 道 理

那的关于上帝证明的理性方法中的宇宙论、目的论方法①有颇多相似之处。后来,笛卡尔在其著名的《第一哲学的沉思录》②中也基本照搬了这一思路,即从自我的有限性与不完善性推论出必有一无限的和绝对完善的实体作为根据,而这一无限的和绝对完善的实体就是上帝。关于这一证明,我们可能提出大约三点基本的批评。

第一,我们在实际生活的实践中对以往的道理加以修正或纠正,并不必然表明现在的道理比过去的道理更加完善或更加高级,或者说,更接近终极真理。在很多情形下,它如果确实,也至多可能表明,由于情况的变化,现在的道理比过去的道理1)更好地从已然设定的前提推论出来;2)和其他的道理更为融洽;3)适应现时、现地的情形而已。所以,它并非一定"更完善""更高级",而可能只是"更适合"而已。因此,一个绝对终极的"真理"概念更多的是一个设定。

第二,通过"更完善""更高级"的概念来证明"真理"的绝对性,终极性和唯一性的途径,事先在形而上学的层面上已经至少假设了"一"的概念,"整体"的概念以及奠定在直线性的、机械的时空观基础上的"发展"的概念。而这些传统的哲学形而上学的概念,本身就是和用之去证明和说明的终极"真理"概念、"上帝"概念等价的。这也就是说,这些用来证明和说明的概念本身就需要被说明和被证明。因此,用一些在哲学上需要被证明和说明的概念去说明和证明同一层次上的另外一些概念,本身就是不合法的,因而也就缺乏基本的论证与说服力量。

---

① 参见 Thomas Aquinas, *Summa Theologica*, literally trans. by Fathers of the English Dominican Province, New York: Benziger Bros, 1947—1948。
② 参见 Rene Descartes, *Meditations on First Philosophy*, trans. by Donald A. Cress, Indianapolis/Cambridge: Hackett Pub. Co., 1979, pp. 23—34。

第三,假设一个绝对的、终极的和整体的真理概念,还必然引申出一个现实的问题:谁可能成为这一绝对真理在现世的代表?这也就是说,当道理与道理之间发生矛盾与冲突的时候,谁的道理更代表真理?如何判别以及谁有这个权威来判决?倘若我们不将所谓"真理"推向某种绝对虚无或永远不会完全实现的理想的境地,那么,我们大概也就难以摆脱黑格尔主义的绝对精神的幽灵,而这一幽灵对现代人类的政治和社会生活所带来的灾难,应当说是有目共睹的。

如此说来,这世界上本来可能只有"讲道理",没有什么"讲真理"。传统的绝对终极意义上的"讲真理",可能只是一种由于犹太—基督教的神学/形而上学概念,在西方文化中的千年统治而造成的某种知识论上霸权的幻象残余而已。① 因此,既然"讲真理"在传统基督教的上帝概念已经破灭的今天成为不合时宜的,那么,借用哲学上的"奥康剃刀"的说法,我们是否可以将之视为一个应当被废弃或舍弃的哲学概念呢?

第6节 "道—理":讲道与讲理;非一真理

与"真"的哲学概念在中国哲学史上出现较晚相比②,"道"的概念几乎就是和中国的哲学思想一同诞生的。

在《老子》书中,"真"的第一次出现是作为道的一种内含特质

---

① 参见 Martin Heidegger, *Sein und Zeit*, Tuebingen: Max Niemeyer Verlag, 1979, s. 229。

② 据张岱年先生,中国哲学中关于知识论意义上"真"的概念和"真知"思想的出现,大概要到墨子甚至庄子之后。参见张岱年:《中国哲学大纲》,北京:中国社会科学出版社,1982年,第520—524页。

第九章 道 理

和衍生特质而出现的,或者说,真是道的一种德性。在庄子和后来的道家和道教思想中,"真"也主要作为德性在"真人""真情"中出现。

"理"的概念在中国哲学中的发明人据说是韩非。"理"首先指自然事物的纹理、条理、理路。不仅如此,韩非还首次界定了"道"与"理"之间的关系。因此,在中国思想史上,将"道"和"理"联用,也许在先秦就已出现。① 例如,韩非也许是将"道"和"理"并为一个单独概念联用的第一人。② 在韩非对《老子》的解读中,我们看到韩非对"道""理"关系的界定和对"道理"概念的使用:

> 道者,万物之所然也,万理之所稽也。理者,成物之文也。道者,万物之所以成也,故曰道理之者也。物有理不可以相薄。物有理不可以相薄,故理之为物,制万物各异理。万物各异理而道尽稽万物之理,故不得不化。不得不化,故无常操。
>
> ——《韩非子·解老》

> 夫缘道理以从事者,无不能成。 ——《韩非子·解老》

> 夫弃道理而妄举动者,虽上有天子诸侯之势尊,而下有倚顿陶朱卜祝之富,犹失其民人而亡其财资也。
>
> ——《韩非子·解老》

虽然有些学者会质疑,仅仅从文本阅读很难断定,"道"和"理"这两个字,是否真的从韩非开始,在文法上就被连用,在哲学上就被用作统一的概念。但是,大概无可怀疑的是,中国人后来用"道理"这一概念表达"道"和"理"之间的关系,以及用"讲道理"来说明

---

① 参见陈赟:"道的理化与知行之辩——中国哲学从先秦到宋明的演变",载于《华东师范大学学报》,2002年第4期,第23—29页。
② 参见杨国荣:"说'道理'",载于《世界哲学》,2006年第2期。

事物、事件背后的根据和原因,和韩非的这一道、理"连用"不无关系。

韩非之后,"道理"一词在汉语中慢慢流行起来。但此时,"道理"更多还是在一般日常"事理""情理""物理"的意义上使用。例如,在《文子·自然》中,我们读到,"用众人之力者,乌获不足恃也;乘众人之势者,天下不足用也。无权不可为之势,而不循道理之数,虽神圣人不能以成功。"东汉高诱注《吕氏春秋·察传篇》,说:"理,道理也。"唐朝韩愈也说,"人见近事,习耳目所熟,稍殊异,即怪之,其于道理有何所伤?"(《京尹不台参答友人书》)。

在宋明理学或道学中,"道理"这一概念的意义已经与其现代意义相去不远。例如,《二程遗书》中曾记载他们对王安石的批评,"介甫不知事君道理;"又在谈到孟子的"浩然之气"说时,曾指出:"这一个道理,不为尧存,不为桀亡。"联系到宋明理学,特别是二程之后,将"伦理"拔高,将之奉为"天理",与"道"在同一个层面上使用。这样,"道理"就不仅仅在一般"讲理"的意义上使用,而且更是在"理之为理"的意义上使用,也就是说,"事君""修身"这些都是理之为理的"天理",即"大道理"。

我们使用"讲道理"的概念,不是在宋明理学的某种神秘性的、类乎宗教性的独断论形而上学的"天理"意义上。因为这种类似天理的道理,仍为某种意义上的绝对真理的代名词。毋宁说,我们需要返归到韩非的解释,返回到老子的"当其白,守其黑",将"道理"作为众理之原生地、源发域开显出来。

在近代中国思想史上,对"道理"这一概念的历史渊源和哲学含义首先进行系统梳理和讨论的是钱穆先生。钱先生还将"道理"列为他的《中国思想通俗讲话》的第1讲的标题,并称之为是"两三千年来中国思想家所郑重提出而审慎讨论的一个结晶品",可见其

第九章　道　理

对"道理"概念的重视。按照钱先生的说法,"道理"中的"'道'与'理'二字,本属两义,该分别研讨,分别认识。大体言之,中国古代思想重视道,中国后代思想则重视理。大抵东汉以前重讲道,而东汉以后则逐渐重讲理"。① 钱先生虽然将"道"和"理"分而论之,但我们仍可从其结论中看到先生所论"道理"的着力处和精旨所在。这对我们生活在今天的中国人依然是发聋振聩之声,"……在中国,不纯粹讲理智,不认为纯理智的思辨,可以解答一切宇宙奥秘。中国人认定此宇宙,在理的规定之外,尚有道的运行。人性原于天,而仍可通于天,合于天。因此在人道中,亦带有一部分神的成分。在天,有部分可知,而部分不可知。在人,也同样地有部分可知,而部分不可知。而在此不可知之部分中,却留有人类多方活动之可能。因此宇宙仍可逐步创造,而非一切前定。这有待于人之打开局面,冲前去,创辟一新道。此等理论,即带有宗教精神,而非纯科学观者所肯接受。这是中国全部思想史所不断探讨而获得的一项可值重视的意见。"②研究中国思想的日本学者曾表述过和钱穆先生相似的观点。例如,伊藤仁斋就指出:"道之字本活字,所以形容生生化化之妙;若理字本死字……可以形容事物之条理,而不足以形容天地生生化化之妙;而且,天地生生化化之妙(道)是人的智慧所无法窥知的世界,而理不过是人的有限的人智的能力。"③

在现代哲学意识中,应该说对老子这一思想的最好解释出现在德国哲学家海德格尔的"非真理"的概念中。海德格尔在1930年

---

① 参见钱穆:《论道理》,载于《民主评论》,第6卷,第2期,第30页。
② 又参见钱穆:《中国思想通俗讲话》,香港:求精印务公司,1955年。
③ 参见沟口三雄:《中国的思想》,北京:中国社会科学出版社,1995年,第24页。

所做的著名讲演《真理的本相》①,明显受到中国道家哲学家老子与庄子的影响。② 在这篇著名演讲中,海德格尔提出了"非真理"的两重含义:非真理作为"遮蔽"(Verbergung)与非真理作为"错失"(Irre)。第一,非真理作为"遮蔽"说明真理本相之"晦蔽状态"的"玄晦"(Geheimnis)性质。在海德格尔看来,作为"晦蔽""玄晦"的非真理要比作为解蔽、敞开的真理更贴近真理的本相,它因而构成亲在(Dasein)③在世生存的超越论根基。第二,非真理作为"错失",作为人在"亲临存在"的路程中遗忘了"玄晦",因而它也就失掉了生存超越的根基地和原动力,这就导致产生"误入歧途"的可能。这第二层意义上的"非真理"与《存在与时间》中在亲在生存的"非本真"状态下使用的"非真理"④,应当说是一致的。在后期海德格尔的思想中,"非真理"和"真理"更多的是在第一层意义上,即在存在论的意义上使用,也就是说,真理的根本在于那个"非",而不在那个"真",真理只是通达非真理的起点,而非真理则是真理的本相和根源。

这样,将老子、韩非和海德格尔的解释结合起来,"非真理"就作为"玄晦",作为"黑""不在场"的道理就成为作为"光明""白""在场"的真理的根据、地基、源头活水。或者转换成我所建议的话语,

---

① 参见 Martin Heidegger, *Vom Wesen der Wharheit*, Frankfurt am Main: Vittorio Klostermann, 1954, ss. 21—26。

② 关于海德格尔的这一演讲和论文受到老子和庄子思想影响的研究,参见张祥龙:《海德格尔传》,北京:商务印书馆,2006 年,以及 Otto Poeggeler, "West-East Dialogue—Heidegger and Lao-tzu", in Graham Parkes ed. *Heidegger and Asian Thought*, Honolulu: University of Haiwaii Press, 1987, pp. 47—78。

③ "Dasein"是海德格尔哲学的核心概念,现在一般中译为"此在",也有译为"亲在"(熊伟),或"缘在"(张祥龙)。我循熊伟先生,仍将之译为"亲在"。

④ 参见 Martin Heidegger, *Sein und Zeit*, Tuebingen: Max Niemeyer Verlag, 1979, ss. 213—277。

第九章 道 理

那就是:"道(理)"成为"(讲)理"的活泼泼地、充满生之活力的根据、地基和源头活水。而这种从"道(理)"到"(讲)理"的路程,就是这里所说的"道理"。

第7节 "有几分道理""很有道理"与"不讲理"

建议用"讲道理"取代"讲真理"的说法并不蕴含着听任日常思想和生活实践中的相对主义的泛滥。用"讲道理"取代"讲真理",我想说的是:

第一,讲道理首先是讲"道",即道路开辟、开显和向四面八方伸展的可能性。所以,海德格尔讲"真理的本相"在于"去蔽";在于"自由自在的自然性";在于"泰然任之"(Gelassenheit);在于"自在起来"(Ereignis),和老子讲"道法自然",都是在这一存在论/本体论的意义上谈论"道理"的。在这一意义上,"道理"也许就与后期海德格尔所言的"非－真理","玄而又玄"的"玄秘"(Geheimnis),有着几分契合。中国人日常语言中所说的讲理无外乎说的是讲"事理"、讲"情理"、讲"命理""数理""物理""伦理""论理""生理""地理"之类。但众理之"理",即在众理背后的,那使得"理"成之为"理"的,使之活泼泼地得以生发,但又昧晦不明的根基地、背景、境域就是那"道理"或曰"道－理"。

第二,道理之"道"并非仅仅虚无缥缈,玄而又玄,还更是践道之道,行道之"导"。这是一个从"道"到"理"的过程,所以才称为"道理"。既然是行道之道,其特质首先就在于它的指向践行的特征。生活的具体情状与行道的目标往往决定了道路的选定,或者至少说道路选择的范围。正如皮尔士所言,思想的真正本质不在于静态地反映所谓绝对的真实,而在于从实际生活中的问题刺激开始,经由提出假设,不断试错,达到形成习惯,建立信念,解决问题,又由于生活情状的变化产生出新的问题,再提出新的假设,建立新的"因应之道"(信念)……这是一种不断的、周而复始的践行过程。① 因此,任何一种具体道路的选定,都不可能是漫无边际,毫无限定的。它只能是在一定的时间、地点、情形、背景下的践行的选择。所以,与传统的讲真理的概念所假设的,作为知识论基础的反映论的观念论不同,讲道理的概念所假设的知识论基础,应当首先为实践论的信念论。

第三,讲道理既然强调践行之道,而不是"放之四海而皆准"之"真",那么,"践行之道"这一概念本身就预设了道路"选择"的可能性。这也就是说,道一理有"讲"的可能性。道一理之所以有"讲"的可能性,其实质首先并不在于"真理越辩越明",而在于"兼听则明"。"讲"和"辩"的前提在于"听"和"闻"。所以,孔子说,"朝闻道,夕死可矣"。

第四,我们日常说的"蛮不讲理"往往也有两种情况,一种是明知错误而拒不认错,明知所走的路是死路还要一条道走到黑,不见棺材不落泪,不撞南墙不回头,甚至是撞了南墙也不回头。而另一种则是只认自己的"理"为理,而不承认有其他的"理"的可能性,更不愿意去听闻其他可能的"理"。因此,"条条大路通罗马"这一谚语所隐含的哲学智慧就在于:我们日常的"践行之道",并非总是在自柏拉图以来的传统西方哲学主流所理解的,"存在"或者"不存在",非"真"即"假"这样两条截然对立的道路间的选择,而更多的是在诸种可能的"存在"道路间的抉择。理论是灰色的,生活之树

---

① 参见 C. S. Peirce, "The Fixation of Belief", 载于 Charles S. Peirce, *Selected Writings*, ed. by Philip P. Wiener, New York: Dover Publication, Inc., 1958, pp. 91—112。

第九章 道 理

常青。一条道路是通达的,并不必然蕴含只有一条道路是通达的。一条道路曾经通达,并不必然蕴含它现在、将来也通达,并且在任何情况下都通达。正因为"践行之道"在大多数的情形下不止一条,而且因人、因时、因地、因情况变化可能有所不同,我们也常常说,尽管我并不完全同意你的观点和做法,但我理解或谅解它们。这也就是说,这些观点和做法,若从你的角度来看,也不无几分道理。

第五,讲道理作为对"践行之道"的寻求和开辟并不意味着任何的"道"都是可能之"道"和可行之"道"。这也就是说,"讲道理"是"有理"可讲,而非"无理"可讲的。在这里,我们首先应当一方面区分"有条件/制限的"可能之道和"无条件/无制限的"可能之道;另一方面,我们也应当区分逻各斯/思想的"可能性"与践行/操作的"可行性"。需要指出,作为践行的道路,任何道路都是人和自然事物的行径,即"人之道"或"物之道",在这一意义上,任何"道"的可能性都是有条件和有制限的。"无条件的""无制限的"、涵括一切可能的可能性只能是属神的,因而对人而言是"空洞的""不可能的"可能性。当然,这种区分"有制限的"实际的可能性与"无制限的"空洞的可能性,并不排除"有制限的"可能性的程度的大小和对于我们践行人的远近。一般说来,也许可能性的制限越少,其实现的程度就越小,离我们也就越远。至于逻各斯/思想的"可能性"与践行/操作的"可行性"之间的区分就在于,在条件基本限定的情形下,尽管理论上可能有多种可供选择的计划和途径,但在特定的时机和实践环境中,我们只能选择其中的一种途径去实现我们的目标。也正因为如此,"讲道理"之为"讲理"才是可能的和必需的。这也就是说,"可行性"必须预设"可能性",而"可能性"并不必然导致"可行性"。也正是因为"可行性"在特定条件下的独一无二性,不同的"道理"和"践行"途径之间也才相应于给定的条件而言可作比较,有优劣高低之分。

第8节 "僧推月下门"还是"僧敲月下门":斟酌、犹豫、推敲

让我们用唐朝诗人贾岛那脍炙人口的"推敲"故事来说明"道理"与"讲理"之间的这种关系。一方面,在讲理的过程中,常常并不必然只有一种(道)理可讲,但另一方面,也并非无理可讲,乃至造成相对主义泛滥。在生活中的大多数情形下,我们还是可以讲理,也可以在讲理和讲理之间分辨出优劣高低。

我们知道,贾岛的故事发生在公元9世纪的京城长安。说的是贾岛骑驴赋诗。行走之际,贾反复苦吟一首诗,诗中有佳句云:"鸟宿池中树,僧推月下门"。得意之余,贾岛又觉得诗中的"推"字,似乎用得不那么恰当。他想把"推"字改为"敲"字,却又拿不定主意。于是,他一面思考,一面用手反复做着推门和敲门两种动作。街上的路人看到贾岛这般神情,十分惊讶。这时,据说正好京兆尹韩愈路过。贾岛冲撞了仪仗,被扭上前来。韩愈生气地说:"你怎么骑的驴子,也不朝前面看看路"?贾岛见是韩愈,慌忙赔礼。他并将自己因斟酌"推""敲"二字,专心思考,不及回避的情形讲了一遍。韩愈听后,转怒为喜,深思片刻后便说:"'敲'字更佳!"也许韩愈想说,在万物入睡、沉静无声之际,敲门更显得夜深人静。

韩愈讲得有道理,最终也说服了贾岛选用"敲"字。不过,贾岛原先用的"推"字,也不是完全没有章法,甚至可以说和"敲"字不相上下,否则,贾岛也不会如此犹豫不决了。全诗为:

第九章　道　理

题李凝幽居
闲居少邻并,草径入荒园。
鸟宿池边树,僧敲月下门。
过桥分野色,移石动云根。
暂去还来此,幽期不负言。

显然,这里的主题是一个"幽"字,诗中的草径、荒园、宿鸟、池树、敲门、冷月、过桥、移石、野色、云根等等意象,无不衬托出那个"幽"境。"敲"派会说,月色如水,万籁无声,此时,贫僧低叩柴扉,唯恐惊动了池旁宿鸟。这一转瞬即逝的意象,刻画出环境和心境之幽静。不过,"推"派或许会持另外一说。因为,在这般"幽冷"的意境中,"敲"字未免显得突兀,和其他的意象不相协调。换言之,"敲"不免剥啄有声,惊动宿鸟,打破岑寂,也就似乎平添了搅扰。而"推"字,则要调和些。推可以无声,即使有声,也是那柴门有错有节的吱吱哑哑声,而这些,在寂静的月夜下,更显一个"幽"字。所以,推敲推敲,很难判定孰优孰劣。①

但我们不能因为在"推""敲"之间难分优劣,就断定本无判准,走向相对主义。我们知道,在这里,一方面,无论"僧推门"还是"僧敲门"都是有条件制限的"可能性"。这种制限首先是中国古代汉语文字、语法、语境的制限,然后是古代唐诗律绝格式的制限,等等。倘若我们说1)"僧※月下门";或2)"僧也月下门";或3)"月光之下,老僧推开了这扇门",就都超出了上述的制限,成为中国唐诗语境的制限之外的"空洞的""不可能的"可能性,或者说是十分遥远,实现程度极小的可能性。因为我们知道,第一句中"※"不是已

---

① 此处诗解,参照了朱光潜在"咬文嚼字"一文中的说法。见《朱光潜美学文集》,第2卷,上海:上海文艺出版社,1982年。

知的中国古代汉语符号。第二句中的"也"字是一古代汉语虚词，非实词。而第三句则违反了唐诗五言、七言律绝的基本字数要求。这是在这一意义上，我们说上面这三句话是"错误的"或"无意义的"，这就像我们说，在今天的足球竞技游戏中，除了守门员和发球之外，用手击球是犯规一样。所不同的地方大概在于，体育竞技游戏中的"规则"一般来说是由人为设计和约定而成，而日常生活中的诸语言游戏中的"规则"则更多的是自然的和历史的生成。当然，除了"僧推月下门"，"僧敲月下门"之外，贾岛也许还可以选用 4)"僧开月下门"，或 5)"僧捶月下门"等等。显然，在这里，"推""敲""开""捶"等汉字的选用都是有意义的，都是现实的可能性，都是"对的"或"正确的"。但贾岛只能从中选择一个字，这也就是上面所谓的"可行性"的独一无二性。再就诗的语境与贾岛的预设意图而言，"推""敲"二字，明显地要比"开""捶"优胜，但在"推""敲"二字之间，如同我在前面所说，这种优劣高低一下子就很难断定，这也就是贾岛苦恼、犹豫的原因。而且，这种"优劣高低"，甚至"对错"都是可能随着生活情境以及与之相应的预设条件的变化而发生变化，在它们之间没有，也不应划出绝对的、不可变更的界限。正是这种变化的绝对性使得道理得以不断地推陈出新，例如在中国文学史上，"唐诗"的格律被慢慢地突破，由此产生了"宋词"，又从"宋词"演化出了"元曲"；而变化的相对性、缓慢性和阶段性又使得诸道理之间的对错与高低优劣的比较、评判，即评理成为可能。而两者间的相互冲突、影响和结合，就是我上面所谓"讲道理"之为"讲理"的道理。

第 9 节 "讲理"与"讲道理"

因此，有分歧的众人相互间的讲理和争论所以可能，也许并不

第九章　道　理

必然假设有一客观真理作为目标而存在。在讲理的过程中,讲理的人实际上是在不断澄清或试图澄清自己所持的"理"所以成立的前提条件和背景,即"道"或"道道",而不是简单地固守、重复所持的"理"本身。在这个意义上,我们也许需要区分"讲理"与"讲道理"。

"讲理"是说澄清那行为所以依据的理则,而"讲道理"则要更深一步,进入到那理则之所以为理则的缘由、理据、背景、前提、境域等等常常不那么明了的幽暗处。正是在这种背景的澄清和不断澄清的过程中,所讲的道理才得以完全地或部分地呈现出来。在相互间的分歧出现之前,这些前提和背景条件通常被认为是不言自明的,所以似乎是共同认可的和具有的,但实际情形往往并不如此,或者说,并不总是如此。分歧的出现导致理解和沟通的"残断""障碍",这就迫使我们回过头来,去认真关注自己所持的理则所以成立和得以发生的前提条件以及背景的异同。而且,在实际生活中,讲理主体的背景条件以及其对这些背景条件的认知不可能完全一致,所以,传统意义上理解的独一的、绝对的和终极的真理不可能。

但另一方面,在实际生活中,讲理主体的背景条件以及其对这些背景条件的认知,往往也不会完全不同,它们常常是相互交叉和融合的。这大概也就是"讲道理"所以可能,以及在讲理过程中,误解、谅解、理解和宽容所以存在的存在论基础。所以,所讲的是道理,但讲道理的目标常常并非在于"真理",而在于理解与沟通。所谓板上钉钉或明明白白的"真理",也许只是理解和沟通过程中的特例而已。因为,在这样的讲理过程中,讲理各方对"理"之为理的诸前提和出发点已经有了当下不再质疑的共识。①

至于讲理的人是否必定假设有共同认可的讲理判准，否则无法评理呢？在我看来，任何评理所以可能的确在于当下有共同认可，或大体共同认可的讲理判准。但这一判准并不必然被永远认可，因为它不来源于所谓客观真理，而是在通过理解、谅解和沟通，在各自背景和条件的家族相似、迭合基础上产生的。它们有着相对的稳定性，它们作为讲理过程中具有历史规定性的构成性与调节性规则系统，在人类共同体的共通性生活中存在，并得到不断地演进。

---

① 例如自然科学真理大概应当属于这一范畴。现代自然科学一般分为数理科学和实验科学。但两者共同区别于日常的自然生活的地方就是，它们都要求起始条件的"纯粹化"，这种"纯粹化"或者通过纯粹化"定义"的方式或者通过纯粹化"实验条件"的方式达成。也许正是在这个意义上，海德格尔曾经一针见血地指出作为一种世界观的现代科学主义的弊端，他的话的大意是说，科学并不是在真正意义上的"严格"，科学只是在狭窄意义上的"精确"而已（见海德格尔"形而上学是什么？"）。这里，海德格尔并非要反对现代科学，而是提醒我们注意到科学知识和"真理"的限制条件。一旦我们人类忘记了这一点，将之无条件化，就会导致大的失误，乃至灾难。

附录 "孔夫子":"舶来品"还是"本土货"?

大约十多年前,在美国汉学界,有一本书一时洛阳纸贵,风行天下。这就是时任美国科罗拉多州立大学丹佛分校历史系教授詹启华(Lionel M. Jensen)的名著:*Manufacturing Confucianism-Chinese Traditions and Universal Civilization*(《制作中的孔夫子学——中国的诸传统与普世文明》)[①]。通过对 16—17 世纪西方第一批来华的天主教耶稣会传教士,尤其是对著名的利玛窦(Matteo Ricci/1552—1610)在华生活期间与儒家士大夫以及与政府官员的交往活动的历史考察,这本书再现了这批传教士 400 多年前,如何在中国传授西方的天主教宗教、哲学和西方科学思想,如何导致近代欧洲的宗教、哲学、科学思想第一次实质性地传入中国本土的历史过程。与此同时,此书还探讨了这些传教士如何在中国学习、接受、翻译以及向西方传播儒家思想和经典文献,从而导致儒家思想第一次实质性地传入欧洲大陆。但是,詹启华的这本书所以在西方引起轰动和巨大影响,其主要原因还不在于其历史性的考察,而是因为此书贯穿了的一个颇为激进或者说"后现代"的观点,即认为西方人一向认为来自中国的 Confucianism(孔夫子学)并没有一个"原汁原味的"中国原本,它只是利玛窦处于其中的欧洲文艺复兴后期和启蒙时代早期西方知识分子,根据自己对儒家经典和儒家思想的理解和需要,或者甚至说是根据他们所希望的那样理解、

[①] Lionel M. Jensen, *Manufacturing Confucianism-Chinese Traditions and Universal Civilization*, Duke University Press, 1997.

"制作"出来的一个中国人的关于"宗教、哲学、社会伦理和道德次序"①的思想体系。这个体系,经过400多年来西方学者,尤其是汉学家们的不懈努力,已然融入整个西方关于世界以及关于中国的文化意识深层,影响着西方人今天对中国以及中国文化思想的态度和行为。另一方面,这个以西方人为主体的"发明""制作"出来的"孔夫子学",又在中国近代100多年来的由于西方文化思想的强力冲击下产生的巨大思想、文化、制度、社会变革中,通过影响中国第一批近代意义上的知识分子,反过来作用于中国人自己关于孔子,关于儒家思想,乃至关于"中国"的现代理解。詹启华的这一说法,迎合了现今流行于学界的解释学哲学②和以萨义德所描述的"东方主义"为代表的后殖民理论批评的理论话语③,或者说,在某种意义上成为这一话语在汉学研究中的一个"例证"或"见证"④,所

---

① Lionel M. Jensen, *Manufacuturing Confucianism*, p. 4.
② See Hans-George Gadamer, *Truth and Method*, second edition rev. ed., translation revised by Joel Weinsheimer and Donald G. Marshall, New York: Continuum, 1994.
③ "东方主义"一词源出于美国哥伦比亚大学英文系和比较文学系爱德华·萨义德(Edward W. Said)教授1978年出版的名著《东方主义》(*Orientalism*, New York: Pantheon Books, 1978)。萨伊德在书中企图借助当代法国哲学家福柯关于知识权力和霸权的理论,说明西方关于东方的理论,实际上是西方这个"主体"企图征服东方这个"客体"的产物。如此说来,西方对东方无论是在学术著作的研究还是文艺作品中的描述,都对其研究、描述的对象依据着自己的需要和想象进行扭曲。而这种在知识权力和霸权下产生的扭曲反过来又同时影响着东方人对自己的现代观念和理解。萨伊德将西方对东方的那种居高临下的心态,西方对东方在学术和文艺著作中的有意识扭曲,以及西方在东方的殖民活动三者联系在一起,叫作"东方主义"。
④ 严格说来,詹关于"孔夫子学"的说法尽管从方法学的意义上与"东方主义"相似,甚至"异曲同工",但在内涵上有着本质性的区别。借助于思想史家李天纲的说法,前者属于"人文主义的东方"概念,而后者则属于"殖民主义的东方"概念。具体参见李天纲:"人文主义还是殖民主义:17、18世纪中西方的知识交流"。载于《现代性、传统变迁与汉语神学》(全三册),李秋零、杨熙楠主编,上海:华东师范大学出版社,2009年。

附录 "孔夫子"："舶来品"还是"本土货"？

以获得了巨大的成功。该书1997年由美国杜克大学出版社出版，翌年获得美国宗教研究协会颁发的宗教史研究年度最佳著作大奖。

本文并不准备讨论詹启华全书的基本观点和立场，一方面，这对本文来说也许是一个太大的话题，另一方面，我对詹启华的基本观点，实际上持某种程度赞同或同情的态度。我只是认为他的一个基本论断不甚合适，或者说根本就是错误的。换句话说，本文这里想重点讨论的，只是詹启华用来主要支持和论证自己立场的一个主要论断或论据，而不是他全书的基本立场。坦率地说，倘若没有这个论断，詹启华全书所持的基本观点并非不能成立，但它所造成的"效应"也许不会具有如此的"爆炸性"。

那么，这个用以支持詹启华基本观点的论据或者说"论断"究竟是什么呢？我们知道，"Confucianism"（孔夫子学）是对中国传统的"孔子思想"和"儒家学说"的经典西方译名。这个译名，400年前由利玛窦、罗明坚那一代学人创造出来，流传至今，它依据的是"Confucius"这个拉丁译名。① 这段历史，没有人有疑问。但是，出乎我们一般人意料的地方在于，詹启华据此进一步断言，不仅Confucius这个拉丁译名，甚至"孔夫子"这个中文名称，即"Confucius"这个拉丁译名所原本的，一般世人今天对儒家圣人和创始人的孔子的那个汉语称谓，在利玛窦到来之前的中国本土语言和思想文献中，也几乎是不存在的。它也是利玛窦等西洋耶稣会传教士②"创造"和"制造"的结果。尽管在这一制造过程中，有些

---

① 关于这段历史的详情，还可参见 Thierry Meynard（梅谦立）：《孔夫子》：最初西文翻译的儒家经典，《中山大学学报》（社科版），2008年第2期。
② 按照詹启华的考证，"孔夫子"这个中文词以及它的拉丁文译名"Confucius"最先实际可能出于最早介绍利玛窦来中国并同时与利玛窦在中国南方传教（转下页）

"原材料"是洋传教士们从几千年流传下来的中国本土文献,以及民间关于孔子的述说和传说中取来的。但这些东西,与西方天主教的信仰之间,在"文化""神学"和"文献学问"三个方面,都曾得到过"调适"(accommondation)。这也就是说,我们中国人现在认为的那个千百年来我们一直称呼自己圣人的"尊贵"称谓,其实不是什么"本土货色",而是个西洋的"舶来品",或者用詹启华自己的话来说,"'孔夫子'和'Confucius'都是由这些神父们创造出来的(were both created by the fathers)"。①

过去十几年来,詹启华书中的这一观点影响极为广泛②,尽管学界也曾有人对此多少表示过怀疑或觉得难以置信③,但除了现在美国佛罗里达州立大学执教的蓝峰教授曾在2002年第一期《中国学术》上用中文发表过一篇名为"孔夫子实名考"的文章,再未见到有学者真正提出过实质性的反驳意见,以至于这个詹启华的历史学

(接上页)的耶稣会神父罗明坚(Michele Ruggleri,1543—1607)之手。罗明坚,意大利人,耶稣会传教士,1543年生于意大利。罗明坚于1579年7月到达澳门。1581年间他曾三次同利玛窦进入广州,并于1583年9月进入肇庆,居住在肇庆天宁寺,开始传教。罗明坚在广东肇庆时,与利玛窦一起编写了第一部汉语—外语字典——《葡华辞典》,帮助入华传教士学习汉语。1588年罗明坚为请罗马教宗"正式遣使于北京",返回欧洲。由于种种原因,使命未果。在欧期间,罗明坚把中国典籍《四书》中的《大学》的部分内容译成拉丁文,在罗马公开发表。罗后来生病,退居家乡意大利的萨莱诺城,1607年5月11日病故。

① Lionel M. Jensen, *Manufacturing Confucianism*, p. 84。
② 詹书在西方汉学中的影响还可以见于当年著名的《大西洋月刊》的一篇书评。书评称詹书为代表当今儒学发展的两个新潮流之一。参见 Charlotte Allen, "Confucius and the Scholars", *The Atlantic Monthly*, April 1999, Digital edition。
③ 在一篇1997年发表的关于詹书的书评中,Mark Oppenheimer 曾经提到时任斯坦福大学亚洲语言系系主任的 Haun Saussy 教授就此表示过怀疑,他说:"我们不能确知那些耶稣会士就是第一批在儒学文献中使用'孔夫子'的人士"。参见 Mark Oppenheimer, "Dazed and Confucius", in *Lingua Franca*, 1997. Charlotte Allen 说,曾任哈佛大学东亚教授和哈佛燕京学社主任的当代新儒家代表杜维明先生,也评价詹书的论断有夸张的情况。

附录 "孔夫子":"舶来品"还是"本土货"?

"断言"几乎就成了思想史上的一个"事实"。①

蓝峰在2002年发表的《孔夫子实名考》中具体梳理了汉语中从先秦汉唐宋时期的"夫子",到明清之后"孔夫子"这一汉语词及称谓的历史流变过程。这似乎是学界第一次对詹启华在"孔夫子"一词的使用史实方面错误的批评尝试。在蓝峰看来,詹启华之所以做出此断言,其主要根据在于"他声称查遍了'传教士们读过的'儒家经典以及重要的历史书籍",却几乎找不到"孔夫子"一词。而詹启华错就错在"只查阅了'传教士们读过的'儒家典籍和正史,就匆匆得出中国人不曾用过'孔夫子'一词,因而这个词是传教士们'制造'的这一结论"。② 蓝峰接着指出了对詹启华"断言"的两点反驳:第一,我们实际上根本就无法知道传教士们当时"读过"哪些儒家典籍诗书以及是否读过"所有的"的典籍;第二,传教士们当年在华时的汉语语言学习和生活经历,远远超出了阅读儒家经典和正史的范围。还有更多的不属于儒家经典和正史的书籍以及非文字的口语材料,都完全可以成为传教士们学习和实践汉语的基本资源。应当说,蓝峰的这两点反驳都是非常有见地和有力的。蓝峰还据此特别批评了詹启华由于中国古代文史知识的匮乏,而在对待一条元代史料③时犯下的简单错误。尽管蓝峰的论文指出了詹启华

---

① 应当指出,比利时鲁汶大学汉学研究所的 Nicolas Standaert(钟鸣旦)教授在1999年发表的书评文章中,曾对詹启华关于"Confucianism"的论断提出质疑。参见 N. Standaert, "The Jesuits did not manufacture 'Confucianism'"(耶稣会教士并没有制作'孔夫子学'),载于 EASTM 16 (1999), pp. 115—132。感谢 T. Meynard(梅谦立)教授在与我的谈话与通信中提及这篇论文,并传来文稿复印件。

② 参见蓝峰:"孔夫子实名考",载《中国学术》,2002年第1期,北京:商务印书馆。

③ 詹自己在书中提到,20世纪60年代台湾出版的《中文大字典》中的一个词条记载了元朝的一个碑文中曾出现孔夫子的字样。但詹以这个称谓不是出于汉人之口而对之加以否定。蓝认为这是误读。

关于"孔夫子"一词断言的错误之关键所在,但遗憾的是,他并没能成功地"驳倒"詹启华,因为除了对那条元代的史料做出重新解释之外,蓝峰并未能提出更多和更为可靠的史料来从正面论证:"孔夫子"这一对儒家圣人孔子的称谓并非出自洋传教士诸如利玛窦之口,或者由他们首先"创造""制作"出来。换句话说,无论16—17世纪的天主教洋传教士们如何根据天主教的"先见""成见"来"加工""调适"乃至于"制作"Confucius,我们现在需要论证的是一个不可否认的事实,即这种"加工""调适"乃至于"制作",不可能完全排除在这些传教士们来华之前,中国人早已有了专门用来指称孔子的"孔夫子"这一名称。

实际上,远远早于明末耶稣会传教士来华之前,无论是在中国历史的史实方面还是在经典诗文的文献方面,甚至在詹启华声称查遍的儒家经典文献中,都不乏关于"孔夫子"的记载。就我初步收集和查阅的资料来看,中国古代汉语语言中最早出现"孔夫子"一词至少可以追溯到唐朝初年,这距利玛窦等洋传教士来华至少要早700年之久。这些资料足以说明詹启华关于"孔夫子"为利玛窦等洋传教士"创造"或"制造"的论断的轻率与荒谬,也由此显示出他对中国传统文史知识的无知。

我的实物证据和典籍证据至少各有三个:

第一个实物证据是立于曲阜孔庙中的"鲁孔夫子庙碑"。

这是曲阜孔庙13碑亭中现存最早的两座御碑之一。根据资料记载,此碑立于唐开元七年(719年)。碑高402厘米,长145厘米,厚61.2厘米。唐李邕撰文,张庭珪书,隶书。圆首,有额,篆书。正文19行,每行60字,记述孔子三十五代孙褒圣侯孔之建庙墙、立碑事。

附录 "孔夫子":"舶来品"还是"本土货"?

第二个实物证据是陕西省博物馆藏"孔子答问镜"。

根据资料,此镜于1964年西安市出土,为唐代古铜镜,直径

12.9厘米,葵花形,圆钮。钮左侧一人头戴冠,左手前指,右手持杖。右侧一人戴冠着裘,左手持琴。钮上竖格有铭文"荣启奇问曰答孔夫子"九字。钮下一树。素缘。这一图案的题材出自《列子·天瑞》。说的是孔子游泰山,遇荣启期鼓琴唱歌,孔子问其何乐,答曰:使我高兴的事很多。天地之间,以人为贵,我幸而为人,一乐也。男尊女卑,我幸而为男,二乐也。有的人短命,夭折于襁褓,而我已年近九十,三乐也。故此镜又称"三乐镜"。①

第三个证据也为唐代古铜镜,与陕西博物馆的相似。但这次是上海博物馆近年入藏的一批海外捐赠的古铜镜中的一枚,名为"三乐纹方镜"②。

根据资料说明,钮的左右各饰一人,左侧人手持龙首杖,左手手指前方,右侧人左手持琴,侧身回首。中间的铭文是:荣启奇问

---

① 笔者多年前在陕西省历史博物馆见到此铜镜,也曾请陕博的杨文莉女士专门邮寄资料,特此感谢。
② 唐镜映乾坤——上海博物馆馆庆古代铜镜展("镜映乾坤"——罗伊德·扣岑先生捐赠中国古代铜镜展,展览汇集了扣岑先生[Lloyd Cotsen]捐赠91件铜镜中的59件精品。这批铜镜也是上博近年入藏的一批重要捐赠物,2012年12月)。

附录 "孔夫子":"舶来品"还是"本土货"?

曰答孔夫子。①

除了实物性证据之外,根据北京师范大学李锐教授查四库全书电子版初步得来的信息资料②,除去明末利玛窦以后的材料,在《四库全书》所收集的唐宋元明各历史时期的典籍中,"孔夫子"这一名称出现在83卷中,共有115处。③根据这一查证,中国文献中出现"孔夫子"的字样最早至少应可追溯到唐初大诗人,史称"初唐四杰"之一的王勃(649—675)。查其著《王子安集》中的"乐府杂诗序",赫然入目的就有"孔夫子何须频删其诗书,焉知来者不如今;郑康成何须浪注其经史,岂觉今之不如古"。④ 再就是《朱子语类》,这一堪称宋明理学中最重要的几部儒学典籍之一的著作,其中第119卷和137卷⑤,分别记载了朱熹在和门人交谈时提到孔子的情况。在第119卷,朱熹说到为学功夫需集中精力,目无旁骛。"为学有用精神处,有惜精神处,有合着工夫处,有枉了工夫处。……惜得那精神,便将来看得这文字。……上下四旁,都不管他,只见这物事在面前。任你孔夫子见身,也还我理会这个了,直须抖擞精神,莫要昏钝。如救火治病,岂可悠悠岁月!"。在《语类》第137卷,

---

① 同类古铜镜似乎现存还有多个,从唐到明,形状不一,但铭文、图案相同。例如,据说浙江省博物馆在"浙江民间铜镜收藏展"中也有一面唐代古铜镜,名为葵花形"孔夫子问曰答荣启奇"铭文故事镜。

② 在写作此文时,我曾为此事求证李锐教授。蒙李锐查证《四库全书》电子版并告此信息,特此致谢。

③ 按照李锐查阅的资料,杨炯为《王子安集》所作序也提到孔夫子,说明唐代此说法已经很通行。但是杨炯的序,又收到了《盈川集》中,唐、杨之语又录于《文苑英华》。因此所谓115个匹配,要删去重复的16处,和一个形近字(孔大于),应该还有98个匹配。另外,宋代赵彦卫的《云麓漫抄》载平江府有孔夫子巷,明王鏊的《姑苏志》亦载(北宋升苏州平江府)。

④ 见(唐)王勃:《王子安集注》,(清)蒋清翎注,上海:上海古籍出版社,1995年。

⑤ 见《朱子语类》,(宋)黎靖德编,王星贤点校,北京:中华书局,1986年。

朱熹批评隋末王通为人为学,格调与孔子相差甚远。"正如梅圣俞说,'欧阳永叔它自要做韩退之,却将我来比孟郊!'王通便是如此。它自要做孔夫子,便胡乱捉别人来为圣为贤。殊不知秦汉以下君臣人物,斤两已定,你如何能加重"!

从这些史料和资料可以明显看出,詹启华等一些现代西方汉学家关于"孔夫子"一词是由利玛窦等耶稣会传教士"创造""杜撰"出来的说法是完全站不住脚的。但另一方面,这些史实也表明,"孔夫子"的说法在中国似乎也不是儒学中的一个正式或正规的对"孔子"的称号,而更多是一个民间的用法。蓝峰的论文曾提到在汉语的文字材料中,"孔夫子"一词的大量出现是在晚明、清朝之后,尤其是在明末清初兴起白话小说,例如《水浒》《金瓶梅》《牡丹亭》《警世通言》《红楼梦》《儒林外史》等等中。在同一时期,"孔夫子"一词还出现在一些文人学者的笔记小品中。蓝据此推测,"孔夫子"在中国可能经历了一个从口语到书面语的过程,而利玛窦等传教士可能正是从这些民间和口头交往,而非从经典阅读中获得"孔夫子"这一名称并对之加以改造,最后"制作"出"Confucius"的拉丁概念。① 在这些文字中,"孔夫子"往往并不像是以儒家正统典籍中所膜拜颂扬的"圣人"形象出现,相反,它往往在一些非正式的、有时也许出于词语对仗,有时出于调侃、戏弄和玩笑的情况下出现。这一现象,在我们上面引述的唐宋年间的古代资料中就已见端倪,它经过明清和民国,直到如今,仍然在现代汉语和中国人的日程生活中频频出现。在很多情况下,特别是在经过"五·四"新文化运动洗礼的中国思想文化和生活中,"孔夫子"甚至作为反

---

① 参见蓝峰:"孔夫子实名考",载《中国学术》,2002年第1期,北京:商务印书馆。

附录 "孔夫子":"舶来品"还是"本土货"?

面的形象出现。①

由此可见,也许的确是利玛窦等耶稣会传教士们"制造出"了"Confucius"这个拉丁译名,并在此基础上一并"制造出"了"Confucianism"的理解②,使之为西方人所了解和接受,并在某种程度上反过来影响中国近当代对儒家思想和对孔子的理解。但是,我们不能说"孔夫子"就是利玛窦们的"创造"和"发明"出来的。当然,我们也不能说利玛窦的"Confucius"与中国人所说的"孔夫子"是同一个意思,甚至不能说利玛窦所理解的,以及后来在西方得到理解和传播的"Confucius"与"Confucianism",与中国人传统所讲的"孔子"与"儒家思想"是同一回事。因为无论"孔子""儒""儒家"还是"Confucius","Confucianism"作为一个个在历史中的"命名",虽然其命名过程都自有一番因缘在,但其生命内涵,一定随着历史环境的变迁影响而发生变化。③ 如果詹启华是在这个意义上讲"Manufacturing Confucianism"(制作中的孔夫子学),那他就还是有几分道理的。

---

① 蓝峰举得两个现代思想史中的例子是鲁迅的《在现代中国的孔夫子》与毛泽东的《反对党八股》。

② 按照 N. Standaert(钟鸣旦)与 T. Meynard(梅谦立)的研究,詹启华的这一说法,从耶稣会在华历史的文献资料研究的角度看,也值得怀疑。参见上引 N. Standaert 载于 EASTM 的书评,p.118。

③ 例如,西方新一代汉学家们近年来提出,在儒学研究中要区别"Confucian"与"Ru(儒)"。具体参见白诗朗(John H. Berthrong),艾文贺(Philip J. Ivanhoe),戴梅可(Michael Nylan),陆威仪(Mark Edward Lewis),齐思敏(Mark Csikszentmihalyi)等人的论述。

后 记

　　如何在现代哲学讨论的背景下,将传统儒家伦理学的思想特点系统性地阐发出来,一直是我这些年来在伦理学领域思考的目标之一。构成本书研究的主要章节,绝大多数都曾以杂志论文的形式,分别在国内外中英文杂志发表。其中有些收入我在2004年由人民大学出版社出版的文集《解释学、海德格尔与儒道今释》中。今值上书版权到期,承蒙北京大学出版社厚意,允我将书中谈论儒家伦理的文章抽取出来,加上后来发表的几篇,按照章节顺序,重新组构,再新写一篇导言,成为此本专著。

　　本书依凭的论文主要有:"从儒家角度看道德金律与人间关爱"(《东西方哲学》1999年第4期);"谱系学的自我与儒家的自我生成"(《国际哲学季刊》2002年第1期);"儒家孝之义务与赡养年老父母"(《儒家生命伦理》,范瑞平编,荷兰:施普林格出版社,2002年);"解释的真与真的解释",(《中国现象学与哲学评论·特辑》2003年);"真理、道理与讲理"(《年度哲学》2005年);"作为示范伦理的儒家伦理"(《学术月刊》2006年第6期);"真理、道理与思想解放"(《哲学分析》2010年第1期);"道德感动与伦理意识的起点"(《哲学研究》2010年第10期);"也谈道德应当与伦理规范"(《哲学分析》,2011年第5期);"中国思想传统中的身体观与儒家的'亲近'学说"(《哲学动态》2011年第11期);"孔夫子:'舶来品'还是'本土货'"(《深圳大学学报》2013年第3期)。

　　一路走来,无论在这些论文的构思和写作过程中,还是在此书

| 后　记 |

的重构与编辑过程中,都得到过诸多朋友和同仁的启发、鼓励和无私的帮助,在此恕不一一列名,但致谢之心永存。最后要特别感谢北京大学出版社的王晨玉编辑,没有她认真、尽职的辛勤工作,还有宽容和耐心,这本书的出版是不可能的。

王庆节

香港沙田

2015 年 10 月